动力荷载下
混凝土的性能

李庆斌　郑丹　王海龙　著

清华大学出版社

北京

内 容 简 介

近年来,随着我国国民经济的快速发展,一批 300m 级高拱坝和 200m 级高重力坝相继建成,为保障这些大型混凝土结构在地震等动力荷载下的安全性、耐久性,亟须准确认识混凝土材料在动力荷载下的力学特性,提供准确的材料力学参数和破坏准则,并以此为依据进行混凝土结构设计和安全性评价。我国在混凝土材料的力学特性上取得了较好的研究成果,并在大坝等众多混凝土结构上得到了应用和验证。但由于混凝土材料的非均质性、固体破坏的复杂性以及动力试验带来的不确定性等众多因素,造成目前国内外对动力荷载下混凝土材料的性能及破坏机理缺乏统一认识,研究成果很难真正应用于指导实践,该领域的研究方兴未艾。

因此,正确认识混凝土强度动力特性,对于水利、土木等基础工程建设来说具有重大意义。本书结合项目组多年来的研究成果,从混凝土的动力试验、动力荷载下混凝土的强度、本构模型以及真实水环境影响等方面对混凝土的动力特性进行了全面深入的分析,对混凝土在动力试验下强度提高的机理进行了深入的探讨,并对现有混凝土动力试验的设计与开展提供了建议。本书的出版可以为大坝、桥梁等混凝土结构的动力设计和安全性评价提供参考。

图书在版编目(CIP)数据

动力荷载下混凝土的性能/李庆斌,郑丹,王海龙著.—北京:清华大学出版社,2021.12
ISBN 978-7-302-59501-4

Ⅰ.①动… Ⅱ.①李… ②郑… ③王… Ⅲ.①混凝土－性能－研究 Ⅳ.①TU528

中国版本图书馆 CIP 数据核字(2021)第 232228 号

责任编辑:秦 娜
封面设计:陈国熙
责任校对:赵丽敏
责任印制:丛怀宇

出版发行:清华大学出版社
    网　　　址:http://www.tup.com.cn,http://www.wqbook.com
    地　　　址:北京清华大学学研大厦 A 座　　邮　　编:100084
    社 总 机:010-62770175　　邮　　购:010-62786544
    投稿与读者服务:010-62776969,c-service@tup.tsinghua.edu.cn
    质量反馈:010-62772015,zhiliang@tup.tsinghua.edu.cn
印 装 者:三河市东方印刷有限公司
经　　销:全国新华书店
开　　本:170mm×240mm　　印　张:13.25　　字　数:265 千字
版　　次:2022 年 1 月第 1 版　　印　次:2022 年 1 月第 1 次印刷
定　　价:88.00 元

产品编号:094657-01

前言

PREFACE

近年来,随着我国国民经济的快速发展,一批 300m 级高拱坝和 200m 级高重力坝相继建成,为保障这些大型混凝土结构在地震等动力荷载下的安全性、耐久性,亟须准确地认识混凝土材料在动力荷载下的力学特性,提供准确的材料力学参数和破坏准则,并以此为依据进行混凝土结构设计和安全性评价。

我国在混凝土材料的力学特性上取得了较好的研究成果,并在大坝等众多混凝土结构上得到了应用和验证。但由于混凝土材料的非均质性、固体破坏的复杂性以及动力试验带来的不确定性等众多因素,造成目前国内外对动力荷载下混凝土材料的性能及破坏机理缺乏统一认识,研究成果很难真正应用于指导实践,该领域的研究方兴未艾。本书总结了作者关于动力荷载下混凝土的力学性能研究成果,提出了一些较前沿的研究思路和方向,其中一些观点仅代表作者当前对上述问题的认识,有待进一步补充、完善和提高。

本书共 6 章,介绍近年来作者团队围绕动力荷载下混凝土的性能方面取得的研究成果。第 1 章介绍混凝土的基本特性、破坏机理和国内外关于动力荷载下混凝土性能的研究现状,由郑丹、李庆斌和李鑫鑫执笔。第 2 章介绍动力荷载下混凝土性能试验结果,由郑丹、王海龙和陈樟福生执笔。第 3 章介绍动力荷载下混凝土的强度变化机理与分析模型,由郑丹、王海龙执笔。第 4 章介绍动力荷载下混凝土的本构模型,由王海龙、郑丹执笔。第 5 章介绍真实水荷载作用下的混凝土性能,由李庆斌、陈樟福生执笔。第 6 章讨论和分析动力荷载下混凝土性能的影响因素,由郑丹、王海龙和陈滔执笔。

本书的研究工作得到了国家自然科学基金项目(90715041,90210010)的资助。同时,借鉴参考了国内外有关专家的研究成果,在此表示致谢! 书中难免存在不足乃至错误之处,敬请读者予以批评和指正。

作　者

2021 年 6 月

目录

CONTENTS

第1章
CHAPTER 1

绪　　论

　　本章主要介绍混凝土材料的基本特性和一般破坏机理,重点评述动力荷载下混凝土性能的研究现状、存在问题和发展趋势,包括动力荷载下混凝土性能试验研究、理论研究、数值模拟研究,以及动力荷载下混凝土性能影响因素分析研究等内容。

1.1　混凝土基本特性

　　混凝土一般采用水泥作胶凝材料,砂、石作骨料,与水(可含外加剂和掺和料)按一定比例配合,经搅拌而得的水泥混凝土,也称普通混凝土。由于其优良的性能,混凝土在土木、水利工程中得到广泛使用。

1.1.1　混凝土材料的基本组成

　　混凝土是用水泥作主要胶结材料,拌和一定比例的砂、石和水,有时还加入少量的各种添加剂,经过搅拌、注模、振捣、养护等工序后,逐渐凝固硬化而成的人工混合材料。各种组成材料的成分、性质和相互比例,以及制备和硬化过程中的施工工艺和环境条件,都对混凝土的构造及其力学性能有不同程度的影响。

　　已有试验研究结果表明,混凝土的基本构造是非均质、不等向的多相混合材料结构。从混凝土结构中切出一块混凝土,在扫描电镜下就可看到不均匀的细观构造(图 1.1),其主要组成成分有:

　　(1) 固体颗粒。具有不同颜色、尺寸、形状和矿物成分的粗骨料,未水化的水泥团和混入的各种杂质,如砖块、木片等。它们随机地分布在混凝土内部,占据了绝大部分的体积。

　　(2) 硬化的水泥砂浆。细骨料(砂)和水泥与水混合,搅拌均匀后形成的水泥砂浆填充在固体颗粒之间,或包围在固体颗粒的周围,凝固后成为不规则的空间条带状或网状的细粒结构。

（3）气孔和缝隙。在搅拌和浇筑过程中混入混凝土的少量空气,经振捣后仍有部分残留在砂浆内部,形成孔状。多数气孔集中在构件表层和较大石子或钢筋下方。在混凝土的水化凝结过程中,由于水分蒸发和水泥砂浆干缩变形等原因,粗骨料和砂浆的界面以及砂浆的内部形成分散的、不规则的微细缝隙。

图 1.1　混凝土扫描电镜细观结构图

混凝土的两个基本组成成分(即粗骨料和水泥砂浆)的不规则形状和随机分布,呈现了非均质、不等向的材料构造;而粗骨料和水泥浆体的物理和力学性能有显著差异,可将混凝土看作较重、强、硬和稳定性好的粗骨料,埋设在较轻、弱、软和变异性大的水泥砂浆中的三维实体结构。显然,混凝土强度和变形性能的复杂多变,主要受控于水泥砂浆的性能及其与粗骨料的黏结状况。

此外,还有一些施工和环境因素加重了混凝土的非均质性和不等向性。例如:浇筑和振捣过程中,密度和颗粒较大的骨料沉入构件的底部,而密度较小的骨料和流动性大的水泥砂浆、气泡等上浮;靠近构件表面和模板侧面的混凝土表层内,水泥砂浆和气孔含量比其内部的多;体积较大的结构,其内部和表层的失水速率和含水量不等,内外温度差形成的内应力和微裂缝状况也有差别;建造大型结构时,常需留下水平的或其他形状的施工缝。

当混凝土承受不同方向,如平行、垂直或倾斜于混凝土浇注方向的应力时,其强度和变形值有所不同。例如,对混凝土立方体试件,标准试验方法规定沿垂直浇注方向加载,所得的抗压强度值略低于沿平行浇注方向加载的数值。再如,竖向浇注的混凝土柱,截面上混凝土性质对称,而沿柱高两端的性质有别;卧位浇注的混凝土柱,情况恰好相反。这两种柱在轴力作用下的承载力和变形也将不同。

混凝土材料的非均质性和不等向性的严重程度,主要取决于原材料的均匀性和稳定性,制作过程的施工操作和管理的精细度,以及环境条件的变化幅度等,其直接结果是影响混凝土的质量、材性的指标值和离散度。

1.1.2　混凝土材料的基本受力特性

混凝土材料的特殊组成和构造,导致其力学性能的复杂多变,具有下述基本受力特性。

1. 复杂的微观内应力、变形和裂缝状态

在混凝土的凝结过程中,水泥水化作用在表面形成凝胶体,水泥砂浆逐渐变稠和硬化,与粗骨料黏结成整体。在此过程中,水泥砂浆的失水收缩变形远大于粗骨料的相应变形。此收缩变形差使粗骨料受压、砂浆受拉,以及其他的应力分布。这一应力场在截面上的合力为零,但局部应力可能很大,常使骨料界面产生微裂缝。

当混凝土承受外力作用时,即使作用的应力均匀分布,混凝土内部也将产生不均匀的微观空间应力场,这取决于粗骨料和水泥砂浆的面(体)积比、形状、排列和弹性模量,以及界面的接触条件等。在应力的长期作用下,二者的徐变差又使混凝土内部发生应力重分布,粗骨料将承受更大的应力。

混凝土内部有不可避免的初始气孔和缝隙,其尖端附近因收缩、温度变化或应力作用将会产生局部的应力集中区,应力分布的变化更大,应力值更高。

所有这些都说明:从微观上分析,混凝土在承受荷载之前,就已存在复杂的三维应力、应变和裂缝状态,受力后更有剧烈的变化,对于混凝土的宏观力学性能,如开裂、裂缝扩展、变形、极限强度和破坏形态等,都有重大影响。

2. 变形的多元组成

混凝土在承受应力作用时或环境条件改变时都将产生相应的变形。从混凝土的组成和构造特点分析,其变形值由三部分组成(图 1.2)。

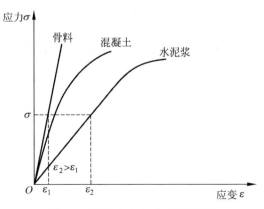

图 1.2　混凝土应力-应变关系图

（1）骨料的弹性变形——占混凝土体积绝大部分的石子和砂,本身的强度和弹性模量均比其组成的混凝土高出许多。即使混凝土达到极限强度值时,骨料并不破碎,变形仍在弹性范围以内,即变形与应力成正比,且卸载后变形可全部恢复、不留残余变形。

（2）水泥凝胶体的黏性流动——水泥经水化作用后生成的凝胶体,在应力作用下除了即时产生的变形外,还将随时间的延续而发生缓慢的黏性流动,使混凝土的变形继续增长。当应力解除后,这部分变形一般不能恢复,混凝土存在残余变形。

（3）裂缝的形成和扩展——在拉应力作用下,混凝土沿应力的垂直方向发生裂缝,裂缝存在于粗骨料的界面和砂浆内部,裂缝的不断形成和扩展,使拉应变快速增长。在压应力作用下,混凝土大致沿应力的平行方向发生纵向劈裂裂缝,穿过粗骨料界面和砂浆内部。这些裂缝的增多、延伸、扩展和相连,将混凝土肢解成多个小柱体,纵向变形增大。在应力超过峰值,进入下降段后,变形仍继续增长,且应力解除后,大部分变形不能恢复。后两部分变形随时间而继续增长,卸载后大部分不能恢复,一般统称为塑性变形。

不同原材料和组成的混凝土,在不同的应力阶段,这三部分变形所占比例有很大变化。当应力较低时,总变形很小,骨料的弹性变形占主要部分;随着应力的增大,水泥凝胶体的黏性流动产生的变形逐渐增加;接近混凝土的极限强度时,裂缝的变形占主导地位;在应力峰值之后,随着应力的下降,骨料的弹性变形逐渐恢复,水泥凝胶体的流动减缓,而裂缝的变形却继续增大。

3. 应力状态和途径的影响

混凝土单轴抗拉和抗压强度的比值约为 1∶10,相应的峰值应变的比值约为 1∶15,都相差一个数量级。两者的破坏（裂缝）形态也有根本区别。这与钢、木等结构材料的拉、压强度和变形值接近的情况显然不同。

混凝土在多轴应力状态下的强度、变形和破坏形态等有更大的变化范围;多轴应力的不同作用途径,改变了微裂缝的发展状况和相互约束条件,使混凝土有不同的力学性能;存在横向和纵向应力（变）梯度的情况,混凝土的强度和变形值也将变化;在荷载（应力）的重复加卸载和反复作用下,混凝土将产生变形滞后、刚度退化和残余变形等现象。

混凝土因应力状态和途径的不同而引起力学性能的差异,是由其材料特性和内部微结构决定的。材性的差异足以对构件和结构的力学性能造成重大影响,在实际工程中应予以重视和分别处理。混凝土的这些材料特性,决定了其力学性能的复杂、多变和离散,还由于混凝土原材料的性质和组成差别很大,完全从微观的定量分析来解决混凝土的性能问题,得到准确而实用的结果是十分困难的。

1.2 混凝土的一般破坏机理

混凝土在结构中主要用作受压材料,最简单的单轴受压应力状态具有代表性。详细地了解其破坏的过程和机理,对于理解混凝土的材料特性的本质,解释结构和构件的各种损伤和破坏现象,以及采取措施改进和提高混凝土质量和结构性能等都有重要意义。混凝土一直被认为是"脆性"材料,无论是受压还是受拉状态,其破坏过程都很急速,肉眼不可能仔细地观察到其内部的破坏过程。现代科学技术的高度发展,为材料和结构试验提供了先进的加载和量测手段。现在已可采用超声波检测仪、X 光摄影仪、电子显微镜等多种精密测试仪器,对混凝土的微(细)观构造在受力过程中的变化情况加以详尽的研究。

混凝土结构在承受荷载或外应力之前,内部就已经存在分散的、方向不定的微裂缝,其宽度一般为$(2\sim5)\times10^{-3}$ mm,最大长度达 $1\sim2$mm。前面已说明,其主要原因是在混凝土的凝固过程中,粗骨料和水泥砂浆的收缩差和不均匀温湿度场所产生的微观应力场,由于水泥砂浆和粗骨料表面的黏结强度只有该水泥砂浆抗拉强度的 35%~65%,而粗骨料本身的抗拉强度远超过水泥砂浆的强度。故当混凝土内部微观拉应力较大时,首先在最薄弱的粗骨料——水泥砂浆界面出现微裂缝,称界面黏结裂缝。试验证实了混凝土在加载前就存在初始微裂缝,都出现在较大粗骨料的界面。试件开始加载直至极限荷载,混凝土内微裂缝逐渐增多,其内部变形可分作三个阶段,如图 1.3 所示。

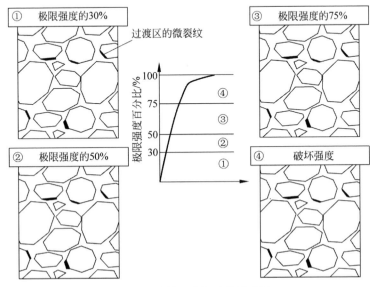

图 1.3 混凝土破坏过程示意图

1. 微裂缝相对稳定期

此时混凝土的压应力较小,虽然有些微裂缝的尖端因应力集中而沿界面略有发展,也有些微裂缝和间隙因受压而有所闭合,但对混凝土的宏观变形性能无明显变化。即使荷载有多次重复作用,或者持续较长时间,微裂缝也不会有大发展,卸载后残余变形很小。

2. 稳定裂缝发展期

混凝土的应力增大后,原有的粗骨料界面裂缝逐渐延展和加宽,其他粗骨料表面也将出现新的界面黏结裂缝。部分界面裂缝的延伸渐次地进入水泥砂浆,或者水泥砂浆中原有缝隙处的应力集中将砂浆拉断,产生少量微裂缝。这一阶段,混凝土内部微裂缝发展较多,变形加快增长。但是,当荷载不再增大时,微裂缝的发展也将停滞,裂缝形态保持基本稳定。这类裂缝称为稳定裂缝。在荷载的长期作用下,混凝土的变形虽继续增长,但渐趋收敛,不会过早破坏。

3. 不稳定裂缝发裂期

混凝土在更高的应力作用下,粗骨料的界面裂缝突然加宽和延展,大量地进入水泥砂浆;水泥砂浆中的已有裂缝也加快发展,和相邻的粗骨料界面裂缝相连。这些裂缝逐个连通,构成大致平行于压应力方向的连续裂缝,称为纵向劈裂裂缝。若混凝土中有些粗骨料的强度较低,或存在节理和缺陷,也可能发生骨料劈裂。这一阶段的应力增量不大,而裂缝发展快速,变形增量大;即使应力维持不变,裂缝仍将继续发展,不再保持稳定状态。这些裂缝称为不稳定裂缝。纵向的裂缝将试件分隔成多个小柱体,承载力下降而导致混凝土的最终破坏。

通过对混凝土受压过程的微观现象分析,其一般破坏机理可以概括为:首先是粗骨料和水泥砂浆的界面及砂浆内部形成微裂缝;应力增大后,这些微裂缝逐渐延伸和扩展,并连通成为宏观裂缝;砂浆的损伤不断积累,混凝土整体性遭受破坏而逐渐丧失承载力。混凝土在其他应力状态,如单轴受拉和多轴应力状态下的一般破坏过程与此相似,但裂缝出现和发展的时机、位置、方向、形状和分布等各有特点。

混凝土的强度远低于粗骨料本身的强度,当混凝土破坏后,其中粗骨料一般无破损的迹象,裂缝和破碎都发生在较弱的水泥砂浆内部。所以,混凝土的强度和变形性能在很大程度上取决于水泥砂浆的质量和密实度。改进和提高水泥砂浆质量的任何措施都能有效提高混凝土的强度和改善结构的性能。

1.3 动力荷载下混凝土的性能

我国在《水工建筑物抗震设计规范》(DL 5073—2000)[1]中规定："混凝土动态强度和动态弹性模量的标准值可较其静态强度提高20%；混凝土动态抗拉强度的标准值可取动态抗压强度标准值的10%"。这个规定依据最早来源于1984年美国垦务局 Raphael[2] 的试验结果。Raphael 对 5 座混凝土坝钻孔取样获得的试件进行混凝土动力试验，在 0.05s 的时间内加载到极限强度(相当于大坝 5Hz 的振动频率)，得出动力荷载下混凝土单轴抗压强度比静力强度平均提高31%，直接拉伸强度平均提高66%，劈拉强度平均提高45%。

显然，这个结论中没有反映应变率大小的影响，用单一的强度增强系数来分析混凝土的动态力学性能也不能反映率效应的本质。而且 Raphael 的试验结果中混凝土的强度提高幅度也较其他研究人员的试验结果大[3,4]。同样是美国垦务局在 2000 年对大坝岩芯的动力试验结果，在加载速率为 $10^{-3}s^{-1}$(相应破坏时间为 0.05~0.1s)时，混凝土的在动力荷载下的强度只有10%左右的增加，而且试验结果的离散性较大[5]。

因此，是否能采用单一的强度提高比例来描述动力荷载下混凝土的力学性能，还需要进一步深入地研究。为此，研究人员开展了大量的试验和理论研究，现择要综述如下。

1.3.1 动力荷载下混凝土性能试验研究

实际的混凝土建筑物所承受的动力荷载形式多样，其应变率范围也不尽相同，Bischoff 和 Perry[6] 曾对此进行了分类总结，如图1.4所示。

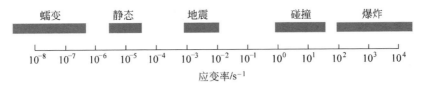

图 1.4 不同类别动力荷载应变率变化范围

针对不同的实际动力荷载，动力试验需要满足其应变率范围要求，相应的试验设备也不断出现和发展，常用的几种如表1.1所示。

表 1.1 不同动力试验设备及其加载应变率范围[10]

试验设备	液压伺服试验机	落锤试验机	霍普金森杆	其他超高速试验设备
应变率/s^{-1}	$10^{-6}\sim10^{0}$	$10^{0}\sim10^{1}$	$10^{1}\sim10^{4}$	$>10^{3}$

自 20 世纪 60 年代起,人们对混凝土的各项力学性能(如强度、弹性模量、泊松比等)与应变率的关系进行了广泛深入的试验研究,取得了显著的进展。出于不同的研究目的和关注点,混凝土试验装置和条件差异较大,同时试件的力学性能、几何尺寸以及养护条件等都存在一定差异。为便于比较分析,通常采用动力增强系数(dynamic increase factor,DIF,即混凝土强度动力与静力试验值之比)来描述动力荷载下混凝土强度有所提高的现象。

尽管众多试验成果离散性较大,但大量的试验数据也体现了一些共同的规律特性,主要有以下几点:

(1)试验中测量得到动力荷载下的混凝土强度,都随着加载速率的提高而增加。

(2)拉压荷载下的 DIF 随应变率的提高而增加的趋势均存在一个转折点,其值为 $1 \sim 10 s^{-1}$,高于此转折点后 DIF 随应变率增长更快。

(3)混凝土在动力荷载作用下抗拉强度的增长速率要高于抗压强度。

(4)低强混凝土强度受加载速率的影响大于高强混凝土。

(5)混凝土试件在高速动力荷载下呈现多裂纹甚至粉碎破坏。

(6)混凝土内的自由水分对材料的动力特性影响较大,饱和混凝土的 DIF 明显高于干燥混凝土。

1.3.2 动力荷载下混凝土性能理论研究

目前,对于混凝土动力特性的理论研究较多,总体上可以分为宏观力学模型和细观力学模型。

1. 宏观黏塑性力学模型

目前,黏塑性理论常被用于描述混凝土的率效应问题。根据经典的黏塑性理论(图 1.5),通过引入黏弹性元件,Malvern[7] 和 Perzyna[8] 提出了单轴状态下黏塑性材料的基本方程,可以表示为

$$\varepsilon = \varepsilon_e + \varepsilon_p \qquad (1.1)$$

$$\varepsilon_e = \sigma / E \qquad (1.2)$$

$$E \dot{\varepsilon}_p = f \langle X \rangle \qquad (1.3)$$

$$X = \sigma - g(\varepsilon) \qquad (1.4)$$

式中,ε 为总应变;ε_e 为弹性应变;ε_p 为塑性应变;X 为过应力;$g(\varepsilon)$ 为静态的应力-应变关系;函数 $f \langle X \rangle$ 为速率函数,反映材料的速率效应,$\langle X \rangle$ 意味着仅当 $X > 0$ 时,该表达式才起作用。

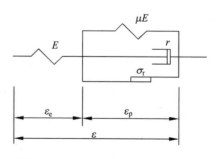

图 1.5　Perzyna 黏塑性模型示意图

Bicanic 等[9]和 Beshara 等[10]在使用经典的黏塑性理论描述混凝土的率效应时,进行了一定程度的简化,认为黏性参数可以表示为总应变率的函数,而不是黏塑性应变率的函数。

$$E\dot{\varepsilon} = \gamma(\varepsilon)X \tag{1.5}$$

式中,$\gamma(\varepsilon)$ 为材料的黏性常数,反映材料对应变率响应的能力。同样采用这种简化方式,Izzuddin 等[11]利用经典的黏塑性理论分析了钢筋混凝土在动力荷载下的响应,分析了如常速率、应力松弛以及蠕变等荷载条件下的混凝土应力-应变关系。方秦等[12]指出,这种简化不仅存在理论上的缺陷,而且只适用于常应变率,对于应力松弛和蠕变等变速率加载情况,计算结果与试验有较大差距。

在经典的黏塑性理论基础上,为了反映混凝土材料在低加载速率和高加载速率下动力特性的差别,唐志平[13]提出了一种非线性弹塑性本构方程来描述脆性材料的动力本构模型。

$$\sigma_r = \sigma_e + \sigma_{m1} + \sigma_{m2}$$

$$= E_0\varepsilon + \alpha\varepsilon^2 + \beta\varepsilon^3 + E_1\int_0^t \dot{\varepsilon}\exp\left(-\frac{t-\tau}{\varphi_1}\right)\mathrm{d}\tau +$$

$$E_2\int_0^t \dot{\varepsilon}\exp\left(-\frac{t-\tau}{\varphi_2}\right)\mathrm{d}\tau \tag{1.6}$$

式中,前三项表示材料的非线性弹性响应,后两个积分式表示不同松弛时间的两个麦克斯韦(Maxwell)体,松弛时间为 φ_1 的 Maxwell 体用来描述低应变率下的黏弹性响应,松弛时间为 φ_2 的 Maxwell 体用来描述高应变率下的黏弹性响应。

胡时胜和王道荣[14]对唐志平的模型进行了一定的改进。一是考虑到混凝土材料破坏应变很小,准静态下应力-应变曲线几乎为线性,因此对于与应变率无关的平衡态应力项,可以仅取其线弹性项。二是引入损伤变量描述混凝土的损伤,分析混凝土材料的黏弹性与动力荷载下损伤的关系。

为了反映混凝土在受压缩荷载下的力学性质,Gary 和 Bailly[15]提出了一种黏塑性模型,可以考虑围压和内摩擦对混凝土特性的影响,物理模型如图 1.6 所示。

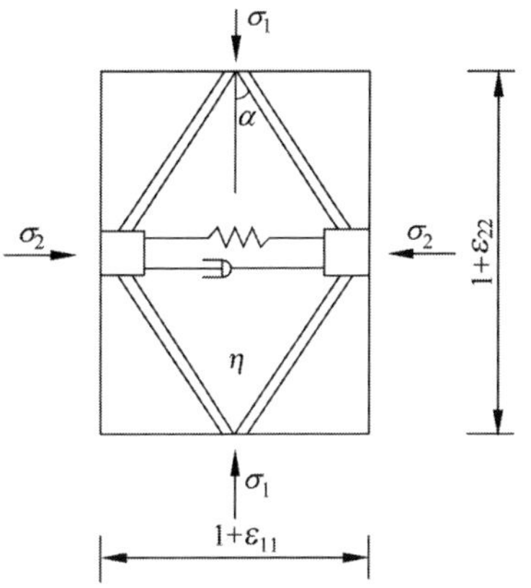

图 1.6 考虑围压和内摩擦的混凝土黏弹性模型

$$\tan\alpha = \tan\alpha_0 \frac{1+\varepsilon_{22}}{1+\varepsilon_{11}} \tag{1.7}$$

$$\sigma_1 = \frac{R}{\cos\alpha}\left(\frac{1+\varepsilon_{11}}{\cos\alpha} - \frac{1}{\cos\alpha_0}\right) \tag{1.8}$$

$$\sigma_2 = \sigma_1 \tan\alpha + \sigma_f(\varepsilon_{22}) + \rho_m \ddot{\varepsilon}_{22} + \eta \lg\left(\frac{\ddot{\varepsilon}_{22}}{\varepsilon_0}\right) \tag{1.9}$$

式中，R 为混凝土的刚度；ρ_m 为等效质量；η 为黏性常数；α 为几何参数（α_0 为对应未受荷载时的初始值）。

Chen 等[16,17]提出了一种和加载速率相关的经验盖帽（spallation）模型，用来描述低速的混凝土平板撞击试验，具体为

$$\dot{V}_d = C_r \dot{V}_s \tag{1.10}$$

$$C_r = C_0 + C_1 \ln\left(\frac{\varepsilon_{ef}}{\varepsilon_N}\right) + C_2\left[n\left(\frac{\varepsilon_{ef}}{\varepsilon_N}\right)\right]^2 \tag{1.11}$$

式中，$\dot{V}_d$，$\dot{V}_s$ 分别为混凝土在动、静力加载下的强度或弹性模量；C_r 为应变率的函数，可以由试验数据拟合得到。模型中定义了两个屈服面，屈服函数可以表示为

$$f(\sigma,h,\dot{\varepsilon}_{ef}) = \begin{cases} J'_2 - g(\dot{\varepsilon}_{ef})F_e(J_1) \leqslant 0, & \text{失效面} \\ J'_2 - g(\dot{\varepsilon}_{ef})F_c(J_1,h) \leqslant 0, & \text{盖帽面} \end{cases} \tag{1.12}$$

式中，h 为硬化系数；$F_e(J_1)$ 和 $F_c(J_1,h)$ 分别为静态的剪切屈服面和盖帽屈服面。

Winnicki 等[18]在 Peryzna 的黏塑性模型基础上，采用 Hoffman 一致屈服条件，并应用于混凝土的动力本构模型中：

$$\frac{3}{2}s_{ij}s_{ij} + \sigma_{ii}(f_c - f_t) - f_c f_t = 0 \tag{1.13}$$

式中，f_t，f_c 分别为混凝土的单轴抗拉和抗压强度；s_{ij} 为应力偏量；σ_{ii} 为主应力。

前面介绍的模型是在已有的经典黏塑性模型上做出一些修正，以反映混凝土材料独有的特性，也有的学者是在已有的混凝土静力弹塑性本构模型基础上引入相应的率相关条件，从而推导出混凝土的黏塑性动力本构模型。经典 Drucker-Prager 弹塑性本构模型的屈服准则可以写成：

$$f = \sqrt{3J_2} + \alpha I_1 - k \tag{1.14}$$

式中，I_1 为第一应力不变量；J_2 为第二偏应力不变量；α，k 为正常数。并引入率相关条件：

$$f_t = f_{t0}H_t(\kappa_t)R_t(\dot{\kappa}_t) \tag{1.15}$$

$$f_c = f_{c0}H_c(\kappa_t)R_c(\dot{\kappa}_t) \tag{1.16}$$

式中，f_{t0} 和 f_{c0} 分别为静力抗拉、抗压强度；$H_t(\kappa_t)$，$R_t(\dot{\kappa}_t)$，$H_c(\kappa_t)$ 和 $R_c(\dot{\kappa}_t)$ 为假设的函数，可由动力试验结果分析得到；κ_t 为内变量。

肖诗云等[19]根据一致黏塑性模型理论,结合所做的混凝土单轴动力特性试验,对常用的 Drucker-Prager 模型进行改进,认为黏塑性流动过程中实际应力仍保持在屈服面上,定义黏塑性应变率为

$$\dot{\varepsilon}_{ij}^{\text{vp}} = \dot{\lambda} \frac{\partial f}{\partial \sigma_{ij}} \tag{1.17}$$

式中,$\dot{\lambda}$ 为塑性乘子;f 为屈服函数。模型推导了 Drucker-Prager 材料的本构模型,并与混凝土单轴抗拉、抗压动力试验的结果进行了比较。

采用相同的率相关条件,肖诗云等[20]又根据一致黏塑性模型理论,结合所做的混凝土单轴动力特性试验,对常用的混凝土 Willam-Warnke 三参数模型进行了改进,推导了 Willam-Warnke 三参数一致黏塑性本构模型。其中经典 Willam-Warnke 三参数弹塑性本构模型的破坏准则可以写成

$$f(\sigma_{\text{n}}, \tau_{\text{n}}, \theta) = \frac{1}{\rho} \sigma_{\text{n}} + \frac{1}{r(\theta)} \tau_{\text{n}} - f_{\text{c}} \tag{1.18}$$

式中,f_{c} 为混凝土的抗压强度;σ_{n} 为平均应力;τ_{n} 为平均剪应力;ρ 和 $r(\theta)$ 为待定参数,可以根据混凝土的单轴抗拉、单轴抗压和双轴抗压试验来确定。

Stolarski[21]在 Willam-Warnke 静力模型的基础上,采用动力荷载下积分形式的 Campbell 屈服准则,应用于混凝土材料率效应的分析中,动力荷载下的屈服准则为

$$\int_0^{t_{\text{d}}} \left[\frac{\sigma(t)}{\sigma_{\text{y}}} \right]^{\alpha} \mathrm{d}t = t_0 \tag{1.19}$$

式中,σ_{y} 是静力荷载下的屈服强度;α 和 t_0 为材料常数;t_{d} 是动力荷载 $\sigma(t)$ 下的屈服时间。采用的混凝土率相关经验破坏准则为

$$\psi_{\text{c}}^{\text{d}} = \frac{f_{\text{c}}^{\text{d}}}{f_{\text{c}}} = 1.58 - 0.35 \lg\tau + 0.07 \lg^2\tau, \quad \tau = \frac{1}{t}, \text{ms}^{-1} \tag{1.20}$$

$$\psi_{\text{t}}^{\text{d}} = \frac{f_{\text{t}}^{\text{d}}}{f_{\text{t}}} = 1.42 - 0.15 \lg\tau + 0.01 \lg^2\tau \tag{1.21}$$

$$\psi_{\text{s}}^{\text{d}} = \frac{f_{\text{s}}^{\text{d}}}{f_{\text{s}}} = 1.42 - 0.14 \lg\tau + 0.01 \lg^2\tau \tag{1.22}$$

式中,f_{t}^{d},f_{c}^{d} 和 f_{s}^{d} 分别为动力荷载下单轴混凝土的抗拉、抗压和抗剪强度;f_{t},f_{c} 和 f_{s} 分别为静力荷载下混凝土的抗拉、抗压和抗剪强度;t 为从施加荷载到材料破坏时的时间,s。

王哲等[22]基于不可逆热力学,在应变空间中建立率相关屈服函数,并建立了与加载速率相关的自由能内变量演化方程。模型中自由能内变量的演化 $\dot{q}_{mn}^{\beta}$ 与加载速率 $\dot{\varepsilon}_{ij}$ 及温度变化率 $\dot{T}$ 相关:

$$\dot{q}_{mn}^{\beta} = F_{mn}^{\beta}(\varepsilon_{ij}, \dot{\varepsilon}_{ij}, T, \dot{T}, q_{kl}, Q_{pq}) \tag{1.23}$$

式中，ε_{ij} 为应变张量；T 为温度；q_{kl} 为内变量张量；Q_{pq} 为广义内摩擦力；F_{mn}^{β} 为内变量函数。

采用黏塑性模型来描述混凝土的动力特性具有形式简单、计算方便的优点；同时模型参数直接取自混凝土的单轴抗拉和单轴抗压试验，因而能够比较准确地反映混凝土在单轴应力下的特性；在有多轴试验数据的情况下，对多轴情况也能准确描述，所以在实际的工程计算中较为常用。其缺点是没有解释混凝土率效应的物理机理，也不能准确地反映混凝土在各种复杂荷载情况下的动力特性。

2. 宏观断裂力学模型

断裂力学在混凝土材料上的应用并不像在金属材料上那样成功，因此研究人员对经典的线弹性和弹塑性断裂力学进行了许多修正，提出了很多适用于混凝土材料的断裂力学模型，对混凝土断裂力学的详细介绍可参见文献[23]。

断裂动力学主要研究两类问题：一是静止裂纹受冲击荷载的响应及应力场；二是裂纹高速运动时的应力场。Parton 等[24,25]、Freund[26]和范天佑[27]在各自的著作中介绍了这两类基本问题，并给出了一些简单情况下的理论解。

对于静止裂纹承受动力荷载，裂纹尖端的动态应力强度因子可以表示为如下形式：

$$K^{d}(v=0,t)=\sigma\sqrt{\pi a}\,f(a/C_{2}t) \tag{1.24}$$

对于以速度 v 扩展的高速运动裂纹，动态应力强度因子为

$$K^{d}(\dot{\varepsilon},v,t)=f(v)K^{d}(\dot{\varepsilon},0,t) \tag{1.25}$$

式中，$K^{d}(\dot{\varepsilon},0,t)$ 为裂纹扩展速度为 0 时的应力强度因子；v 为裂纹扩展速度；$f(v)$ 为与冲击荷载相关的函数。文献[26]和文献[27]对各种荷载下 $f(a/C_{2}t)$ 和 $f(v)$ 的值进行详细的推导。

可以看出，在动力荷载速率较大、开裂时间很短的情况下，裂纹尖端的应力强度因子比静力时有明显降低，也就是说，需要更高的应力才能达到静力荷载水平下的起裂准则，引起裂纹开裂。事实上，一些试验结果表明混凝土起裂韧度随着应变率的增加而增大，其原因就是试验分析中忽略了动态应力强度因子和静力强度因子的差别[28]。由于问题的复杂性和试验设备的限制，断裂动力学的很多问题都还没有得到解决。最近 Blumenfeld[29]、Rosakis 等[30]和 Rice[31]对动态断裂力学的发展情况和最新进展进行了综述，介绍了诸如动态裂纹分岔（branching）、裂纹尖端波（crack front wave）和剪切带等问题。

利用断裂动力学的基本理论，研究人员在一定假设的基础上推导了动力荷载下混凝土强度和加载速率的关系。Kipp 等[32,33]推导出了在无限大平板中的半无限长裂纹的动态应力强度因子与起裂时间的关系，进而得到了混凝土强度与加载速率的关系。在一定的简化和假定下，先求得裂纹尖端的动态应力强度因子在线性增加荷载下随时间的变化关系为

$$K_{\mathrm{I}}(t) = \frac{4\alpha}{3\sqrt{\pi}} \dot{\sigma}_0 \sqrt{c_s} t^{\frac{3}{2}} \tag{1.26}$$

式中，α 为几何系数，对于币型裂纹 $\alpha = 1.12$；c_s 为材料的剪应力波速；t 为从施加荷载到材料破坏的时间。然后假定在 $t = t_c$ 时刻，裂纹尖端的动态应力强度因子达到断裂韧度 K_{IC} 时，材料发生破坏，从而推导出混凝土的动力强度为

$$\sigma_c = \left(\frac{9\pi E K_{\mathrm{IC}}^2}{16\alpha^2 c_s} \right)^{1/3} \dot{\varepsilon}_0^{\frac{1}{3}} \tag{1.27}$$

式中，K_{IC} 为混凝土断裂韧度。从能量的角度来看，混凝土中的率效应主要是因为在动力荷载下惯性能消耗了一部分外力所做的功，使得混凝土的宏观强度有所提高。研究人员采用不同的假设计算了惯性能表达式，从而得到了混凝土的动力强度和加载速率的关系。如 Zielinski[34] 利用能量关系推导出了动力荷载下混凝土强度与静力强度比值满足：

$$\frac{f(\dot{\sigma})}{f(\dot{\sigma}_0)} = \frac{\alpha_c(\sigma_0) U_c(\dot{\sigma}_0)}{\alpha_c(\dot{\sigma}_0) U_c(\dot{\sigma}_0)} \times \frac{\varepsilon(f_0)}{\varepsilon(f)} \tag{1.28}$$

$$f = \frac{U}{\xi\omega V \varepsilon(f)} \tag{1.29}$$

式中，ξ 为考虑应力-应变曲线的系数；ω 为考虑应力-应变曲线下降段的系数；V 是材料的体积；$\varepsilon(f)$ 为待求强度 f 的函数。

Reinhardt 和 Weerheijm[35,36] 将混凝土的某一界面看成由相距 $2b$、直径 $2a$ 的众多币型裂纹组成，并且认为：

$$a = \frac{K_{\mathrm{IC}}}{0.6\pi f(a/b) f_t} \tag{1.30}$$

积分形式的能量平衡方程为

$$-W + V + T + D = E_0 \tag{1.31}$$

式中，E_0 为考虑断裂时间的代表面能总和；W 为外力所做的功；V 为变形能；D 为惯性能；T 为断裂能。求出裂纹扩展速度与时间的关系，然后通过裂纹扩展过程积分可以得出惯性能的表达式，从而建立动力荷载下混凝土强度和应变率的关系。

$$E_{\mathrm{kin}} = \int_{a_1}^{a_2} (G_{\mathrm{I}} - G_{\mathrm{IC}}) \mathrm{d}a \tag{1.32}$$

式中，a 为裂纹扩展长度；E_{kin} 为外界输入能量；G_{I} 和 G_{IC} 分别为裂纹面的应变能和临界应变能。

Grady 等[37] 从能量关系出发，认为裂纹发生开裂的条件是局部的惯性能加上应变能必须等于或者超过裂纹张开所需表面能，并且推导了能量公式：

惯性能

$$KE = \rho \dot{\varepsilon}^2 s^2 / 120 \tag{1.33}$$

应变能

$$U = \frac{\sigma_s^2}{2\rho C_0^2} \tag{1.34}$$

断裂能

$$T = 3\frac{K_{\mathrm{IC}}^2}{\rho C_0^2 s} \tag{1.35}$$

然后利用能量不等式 $KE + U \geqslant T$，可以求出混凝土的动力强度以及断裂时间与应变率的关系：

$$\sigma_s = (3\rho C_0 K_{\mathrm{IC}}^2 \dot{\varepsilon})^{1/3} \tag{1.36}$$

$$t_s = \frac{1}{C_0}(\sqrt{3}K_{\mathrm{IC}}/\rho C_0 \dot{\varepsilon})^{2/3} \tag{1.37}$$

Ross 等[38] 在 Grady 工作的基础上，假设裂纹扩展速度和应变率的关系为

$$V = k\dot{\varepsilon}^m \tag{1.38}$$

推导出混凝土的动力强度计算公式为

$$\sigma_d = \left\{\frac{3K_{\mathrm{IA}}^2 B\dot{\varepsilon}^{1-m}}{k\left[1-(k\dot{\varepsilon}^m/V_{\mathrm{cl}})^n\right]^2}\right\}^{\frac{1}{3}} \tag{1.39}$$

式中，B 为混凝土的体积模量；m，n 为常数，可由试验得到；$k = 100$；V_{cl} 为裂纹的极限开裂速度；$K_{\mathrm{IA}} = 0.25K_{\mathrm{IC}}$，计算结果与试验数据较为吻合。但是，由断裂动力学出发的研究无法揭示混凝土材料破坏的内在机理及过程，还需要利用细观损伤力学对其进一步解释。

Chandra 等[39] 认为，由于动力荷载下裂纹周围的介质和静力荷载相比产生了惯性能，从而消耗了一部分能量，阻碍了裂纹的开裂，并利用断裂动力学分析了混凝土的动力响应问题，半长为 a 的裂纹的能量平衡方程可以写成：

$$\frac{\partial}{\partial}(U_a - F) + \frac{\partial U_r}{\partial a} + \frac{\partial U_k}{\partial a} = 0 \tag{1.40}$$

式中，U_a 是介质的弹性能；U_r 是裂纹扩展所要克服的表面能；U_k 为动力荷载下介质的惯性能；F 为外力所做的功。因此，由于 U_k 的存在，要使相同的裂纹扩展，动力荷载下外力所做的功比静力荷载下大。因此混凝土的动力断裂韧度可以写成：

$$K_{jc,\mathrm{d}} = \sqrt{K_{jc,s}^2 + E\frac{\partial U_k}{\partial a}} \tag{1.41}$$

式中，$K_{jc,\mathrm{d}}$ 和 $K_{jc,s}$ 分别为混凝土的动力和静力断裂韧度，$j = \mathrm{I}$ 或 II 代表 I 型或 II 型断裂。并且利用静力情况下裂纹附近位移场的大小估算了 $\partial U_k/\partial a$ 的值。同时，借用正弦荷载下动态应力强度因子的公式推导，估算了线性增加荷载下的动态应力强度因子，从而计算出动力荷载下混凝土的强度。

Bazant 和 Li[40,41] 在黏聚裂缝模型（cohesive crack model）中引入率相关条件，

认为裂纹尖端的黏聚力随着加载速率的增大而增大,然后根据热力学理论和试验数据进行校正,得出了动力荷载下黏聚力和张开位移的公式,裂纹张开速率可以写成:

$$\omega = \dot{\omega}_0 \sinh\left[\frac{\sigma - f(\omega)}{\kappa f_t}\right] \tag{1.42}$$

式中,κ 为热力学常数;$f(\omega)$ 为静力情况下的黏聚力;f_t 为混凝土的单轴抗拉强度。在此基础上,Bazant 研究了动力荷载下混凝土的断裂特性。

3. 连续损伤力学模型

近年来,连续损伤力学[42]在分析材料的破坏方面得到了有效的应用。在静力损伤模型的基础上,引入率相关的损伤变量和损伤演化方程,可扩展为动力本构模型。Suaris 等[43]以混凝土静力损伤模型为基础,在损伤演化方程中引入了应变率的影响,建立了混凝土的动力损伤演化方程。

$$c\ddot{\omega} + \dot{\omega} + A\omega = 0 \tag{1.43}$$

李庆斌等[44,45]根据混凝土动力应力-应变曲线和静力应力-应变曲线的相似性,定义了动力应力-应变曲线每点的应力、应变放大系数,并假设应力放大系数与应变放大系数的线性关系,得到混凝土的动力损伤演化规律为

$$1 - \omega_d(\varepsilon) = \frac{K_\sigma(\dot{\varepsilon}, \varepsilon)}{K_\tau(\dot{\varepsilon}, \varepsilon)}\left[1 - \omega_s\left(\frac{\varepsilon}{K(\dot{\varepsilon}, \varepsilon)}\right)\right] \tag{1.44}$$

式中,$K_\sigma(\dot{\varepsilon}, \varepsilon)$、$K_\tau(\dot{\varepsilon}, \varepsilon)$分别为材料动、静力应力-应变曲线上每一对应点处的应力和应变放大系数;$\omega_d(\varepsilon)$、$\omega_s(\varepsilon)$分别为混凝土在动力和静力荷载下的损伤变量。

陈健云等[46,47]在式(1.44)的基础上,引入了随应变率变化的损伤张量,并采用阈值修正的方法,建立了各向异性的损伤本构模型,修正后的拉、压动力损伤因子为

$$\omega_d^+(\varepsilon) = 1 - y^+\left[1 - \omega_s^+(\varepsilon/K_\varepsilon)\right]$$
$$\omega_d^-(\varepsilon) = 1 - y^-\left[1 - \omega_s^-(\varepsilon/K_\varepsilon)\right] \tag{1.45}$$

式中

$$y^+ = (\dot{\varepsilon}/\varepsilon_s)^{1.026a - 0.02}, \quad y^- = (\dot{\varepsilon}/\varepsilon_s)^{1.026\delta - 0.02} \tag{1.46}$$

Zheng 等[48]认为,混凝土的损伤不仅与应变和应变率有关,还需考虑荷载历史的影响,因此采用了积分形式的损伤演化方程:

$$\omega_d(\varepsilon, t) = \omega_s(\varepsilon) - \int_0^t \frac{d\omega_s(\varepsilon)}{d\varepsilon}\frac{d\varepsilon}{d\tau}g(t - \tau)\,d\tau \tag{1.47}$$

式中,$g(t - \tau)$ 为与时间有关的函数。根据连续损伤力学得到的混凝土动力本构模型可以较好地反映混凝土的应力-应变关系,但是由于损伤的选择尚不能反映动力作用下混凝土材料特性与静力特性相比有所不同的机理,也不能反映混凝土动力破坏的过程。

Le Nard 等[49]在 Perzyna 的黏塑性模型的基础上引入损伤演化规律,推导了混凝土材料的动力损伤模型,并对 SHPB 试验的结果进行了验证。连续损伤力学模型能够较好地描述材料的宏观特性,反映混凝土的应力-应变关系,特别是材料破坏的过程。

陈健云等[46,47]通过在正交各向异性损伤模型中引入随应变率变化的损伤张量并不断修正损伤阈值的办法,提出一种考虑混凝土的应变率影响的损伤模型,并对溪洛渡拱坝进行了考虑拱坝横缝的非线性地震响应分析。

一般来说,连续损伤力学模型的主要目的是描述材料的宏观特性,很难反映材料从变形到破坏的内在物理本质。而且,由于损伤变量的选择和损伤演化规律的选取比较任意,较难反映材料在细观、微观上的变化和内在机理。

4. 细观力学模型

细观损伤力学克服了连续损伤动力学的不足,可以揭示材料中微裂纹和微孔洞的损伤变形机理,得到的损伤演化方程也有明确的物理意义,可揭示材料内在的力学性能。Deng 等[50]、Li 等[51,52]认为,动力荷载下混凝土强度的提高是因为随着应变率的增大,混凝土的动力断裂韧度也提高了。Ross 等[38]从试验中发现混凝土的动力断裂韧度在不同的加载速率下基本没有变化。因此,Huang 等[53]在混凝土动力断裂韧度不随加载速率变化的假定下,分析了加载速率对混凝土强度的影响,得到了混凝土的动力本构模型。

吴胜兴等[54]将混凝土细微观结构特征与宏观力学性能结合,提出了一个能够反映混凝土抗拉强度率相关性的统一理论模型,形式如下:

$$f_{td} = f_{tdd} + f_{twd} + f_{tg} \tag{1.48}$$

式中,f_{td} 为混凝土的动态抗拉强度;f_{tdd} 为干混凝土动态抗拉强度;f_{twd} 为混凝土中自由水效应影响;f_{tg} 为混凝土惯性效应影响导致的强度提高。将式(1.48)中的各项因素展开具体考虑,可得到统一模型的完整形式如下:

$$f_{td} = f_{tds0} e^{-bp} (\varepsilon/\dot{\varepsilon})^{\delta} + \phi \pi_c \lambda Skp + \alpha\phi \frac{3\eta(\sigma Skp)^2}{2\pi h^2} + k_1 \rho L^2 \ddot{\varepsilon} \tag{1.49}$$

式中,f_{tds0} 为孔隙率为 0 时干混凝土的静态抗拉强度;p 为孔隙率;k 为毛细孔占总孔隙比;S 为饱和度;η 为水的动力黏性系数;$h = 2r\cos\theta$,r 为毛细弯月形液面圆弧半径,θ 为浸润角;ρ 为混凝土密度;L 为试件长度;其余参数为常数,需依据相关试验数据确定。

1.3.3　动力荷载下混凝土性能数值模拟研究

随着计算机运算速度的突飞猛进和商用数值软件的广泛应用,采用数值方法研究动力荷载下混凝土动力性能也越来越普遍。混凝土细观力学是从材料在细观尺度的破坏层面上对宏观力学现象进行机理分析。在细观尺度上,混凝土破坏过程主要为内部微裂纹萌生、扩展直至贯通形成宏观裂纹的过程,在宏观上即表现为损伤—断裂—破坏的过程。

细观力学模型根据求解方式主要分为两类[55]:一类将混凝土看成连续介质,属于连续介质力学方法;另一类将混凝土看成离散介质,是非连续介质力学方法模型。在连续介质模型中,有限元法最为常见。有限元的研究中,沿用结构数值分析方法,将混凝土材料离散为骨料、砂浆和界面过程区(ITZ),对不同的材料取不同的力学参数,进而得到动力荷载下混凝土的性能(图1.7)。连续介质模型的优势在于,可以直接引入混凝土宏观力学理论方法建立的复杂本构模型,例如黏弹性假设、损伤软化、弥散式裂纹、率相关假设等,有利于模型对复杂力学行为的描述;缺点在于模型越来越复杂,对计算能力的要求越来越高。另外,由于混凝土的破坏实质上是由连续变为不连续介质的过程,所以非连续介质力学在模拟混凝土局部损伤、非连续位移等方面也得到了广泛的应用。

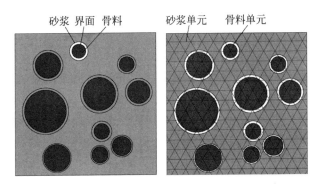

图 1.7 有限元三相细观模型

1.3.4 动力荷载下混凝土性能影响因素研究

从现有试验研究结果来看,不同混凝土动态性能有很大的差别,同一种混凝土在不同试验系统中所得出的结果也有可能不同。混凝土动态试验比静态试验更为复杂,动态试验的结果会受到如下因素的影响:

(1)试件。包括试件的形状、尺寸、水灰比,骨料种类、粒径、含量,试件含水量等。

(2)试验机。试验机的惯性、刚度、加载的控制方式、反馈速度、控制精度以及系统误差等。

(3)数据量测及采集设备。如变形量测设备的位置、精度、敏感度以及数据采集设备的采集速度、稳定性等。

(4)其他关键技术。试验中试件接触面的减磨措施,试验过程中试件内部应力和应变的分布状态,应力波的传播过程等。

1. 混凝土强度

混凝土材料在动力荷载下会表现出与静力荷载下不同的性能,这在很大程度上是由混凝土内部微结构的形态决定的。混凝土强度是标志混凝土内部微结构性能的一个重要参数。因此,对混凝土强度与其速率敏感性关系的研究已经开展较多。

Malvar 等[3] 和 Bischoff 等[4] 分别对动力荷载下的混凝土抗拉强度和抗压强度进行了总结,对混凝土静态强度的不同进行了分类;从大多数的试验结论可以看出,混凝土强度越高,其在动力荷载下强度增强因子越低,因此欧洲混凝土协会(CEB)针对不同强度的混凝土给出了不同动力荷载下强度增强系数的经验公式。

2. 加载方式

混凝土在动力荷载下的力学性质不仅与材料、试验设备本身的性质有关,还与在试验过程中荷载的施加方式有关。

Kaplan[56] 对混凝土在有荷载历史情况下的动态抗压强度进行了试验研究。先按照较慢的加载速率加载到某一个荷载值,维持一段时间,然后再按照较高的加载速率快速加载到破坏。随着初始静荷载值的增加,特别是初始静荷载值较大时,混凝土的动态抗压强度值有明显降低的趋势,其降低的幅度可达到 30% 以上。

近年来,研究人员开始对混凝土材料在不同初始静荷载下混凝土的动态力学性能开展研究。由于采用的试验方法不同,得出的结论也有所差异。对于弯拉情况,侯顺载等[57] 采用的加载方法是在初始静荷载下施加冲击荷载,在 0.25s 内达到材料的极限强度。试验结果表明,初始静荷载未对混凝土的弯拉强度产生不利影响,且以 80% 静力荷载的动态弯拉强度为最大。马怀发等[58] 认为,静力荷载对混凝土产生的初始损伤使得实际的应变率比直接承受动力荷载时大,并采用有限元的方法分析了不同初始静荷载水平下的混凝土梁动弯拉强度。闫东明等[59] 的研究中混凝土材料试验的加载方式是:在预定的静力荷载基础上按照逐渐增加的正弦波方式进行循环加载,结果表明,随着初始静荷载强度提高,混凝土的动态强度有下降趋势。闫东明等[60] 进行了不同初始静荷载下混凝土的动力抗压试验研究,试验结果表明,随着初始静荷载的增加,混凝土的动态强度趋于降低。作者认为初始静荷载对动力荷载下混凝土强度的影响主要是初始损伤和裂纹扩展的不同路径造成的。

3. 骨料

混凝土的骨料形式对动力荷载下混凝土抗压强度也有一定的影响。Sparks

等[61]的试验表明,刚度大的骨料组成的混凝土率相关性小,这有可能是刚度大的骨料提供了更高的冲击韧性引起的。Hughes 等[62]的试验结果表明:混凝土动态强度的增加与骨料类型没有明显的关联。

这些数据表明,混凝土的骨料形式及含量会对混凝土的应变率敏感性产生一定的影响,但由于研究较少,这种影响规律并不明显。

4. 含水量

湿度条件是影响应变率与混凝土动态强度以及变形特性关系的最主要因素之一,研究者对其进行了较多研究,大量研究表明,干燥混凝土表现的率敏感性较湿混凝土的差。干燥混凝土的动态杨氏模量与静态杨氏模量很接近,但饱和混凝土的动态杨氏模量随应变率增加明显。

总的来看,混凝土材料在含水量增加时,其应变率敏感性有明显的增强,混凝土在饱和条件下的应变率敏感性显著提高的特性,与混凝土内部水的黏滞性有很大关系。含水量对动力荷载下混凝土的性能影响具体分析参见第 2 章。

5. 龄期

混凝土龄期是影响混凝土强度的一个重要因素,其对混凝土应变率敏感性的影响也需要加以考虑。Kaplan[56]得到不同龄期的强度随应变率变化关系。随龄期的不同,混凝土的速率敏感性也有区别。在混凝土早期(比如 28d 以前),龄期对混凝土的强度影响比较明显,而后期的影响相对较小。龄期对混凝土的应变率效应影响也可能有类似的现象。

但由于龄期和养护条件的相互影响,难以准确估计龄期影响的大小。事实上,随着龄期的增加,混凝土的强度和弹性模量也增加,同时,不同龄期时混凝土的含水量难以准确评估,这使得对龄期影响的研究变得复杂。然而,从目前的混凝土试验结果来看,龄期对混凝土应变率敏感性的影响并不明显。

6. 试件尺寸

混凝土等准脆性材料具有较明显的尺寸效应,即随着试件尺寸的增加,强度降低。关于静力荷载下的尺寸效应有大量研究,一般认为尺寸效应主要是由混凝土材料内裂纹扩展时的过程区和 Weibull 尺寸律引起的。

闫东明等[63]的试验表明,在同一加载速率下,混凝土抗折强度随着尺寸增加而减小;大尺寸的混凝土试件动力强度增加更为明显;同一加载速率下,不同尺寸混凝土试件的破坏模式没有明显差别。尚仁杰[64]对 10cm×10cm×40cm 和 15cm×15cm×50cm 两种尺寸的混凝土试件进行了不同速率的三点弯拉试验,结果表明,件尺寸对混凝土强度增量的相对值影响不大。陈伟和彭刚等[65]的试验结果表明,试件尺寸为 150mm 和 300mm 的立方体试件,尺寸效应随不同加载速率变化不大；但对于尺寸为 450mm 的试件，尺寸效应在高加载速率情况下更加明显。

关于试件尺寸对混凝土动态特性的研究工作尚不多见，目前的研究尚不能形成定论。但是可以初步认为，混凝土试件尺寸对动态性能存在一定的影响，特别是当混凝土的尺寸相差较大时，试件尺寸对混凝土动态性能的影响不宜忽略，需要做专门研究。

1.4　小结

可以看出，目前关于动力荷载下混凝土材料的力学性能的研究取得了较好的成果，并在大坝等众多混凝土结构上得到了应用和验证。虽然大量试验表明，混凝土在动力荷载下强度会有一定程度的增加，但其增加机理仍不明晰，研究人员对于混凝土材料的性能及破坏机理并未达成广泛共识，研究成果很难真正应用于指导实践，仍然需要开展大量的理论和试验研究来保障混凝土结构在动力荷载下的安全性。

参考文献

[1]　国家能源局.水工建筑物抗震设计规范（DL 5037—2000）［S］.北京：中国电力出版社,2000.

[2]　RAPHAEL J M. Tensile strength of concrete［J］. ACI Mater Journal, 1984, 81(2)：158-165.

[3]　MALVAR L J, ROSS C A. Review of strain rate for concrete in tension［J］. ACI Mater Journal, 1996, 95(6)：735-738.

[4]　BISCHOFF P H, PERRY S H. Impact behavior of plain concrete loaded in uniaxial compression［J］. Journal of Engneering Mechanics, 1995, 6：685-693.

[5]　HARRIS D W, MOHOROVIC C E, DOLEN T P. Dynamic properties of mass concrete obtained from dam cores［J］. ACI Mater Journal, 2000, 97(3)：290-295.

[6]　BISCHOFF P H, PERRY S H. Compressive behaviour of concrete at high strain rates［J］. Materials and Structures, 1991, 24(144)：425-450.

[7]　MALVERN L E. The propagation of longitudinal waves of plastic deformation in a bar of material exhibiting a strain-rate effect［J］. Journal of Applied Mechanics, 1951, 18：203-208.

[8]　PERZYNA P. Fundamental problems in viscoplasticity［J］. Advances in Applied Mechanics. 1966, 9(2)：243-377.

[9]　BICANIC N, ZIENKIEWICZ O C. Constitutive model for concrete under dynamic loading［J］. Eeathquake Engineering and Structural Dynamics, 1983, 11：689-710.

[10]　BESHARA F B, VIRDI K S. Non-linear finite element dynamic analysis of two-

dimensional concrete structures[J]. Computers and Structures,1991,41(6):1281-1294.

[11] IZZUDDIN B A,FANG Q. Rate-sensitive analysis of framed structures. Part Ⅰ:Model formulation and verification[J]. Structural Engineering and Mechanics,1997,5(3):221-228.

[12] 方秦,钱七虎. 速率相关混凝土模型中一个值得商榷的问题[J]. 工程力学,1998,15(3):29-35.

[13] 唐志平. 高应变率下环氧树脂的动态力学性能[D]. 合肥:中国科技大学,1981.

[14] 胡时胜,王道荣. 冲击荷载下混凝土材料的动态本构关系[J]. 爆炸与冲击,2002,22(3):242-246.

[15] GARY G,BALLEY P. Behaviour of quasi-brittle material at high strain rate:Experiment and modeling[J]. Eur. J. Mech. A/Solids,1998,17(3):403-420.

[16] CHEN D,AL-HASSANI S T S,YIN Z H,et al. Rate-dependent constitutive law and nonlocal spallation model for concrete subjected to impact loading[J]. Key Engineering Materials,2000,177-180(pt 1):261-266.

[17] CHEN D,AL-HASSANI S T S,YIN Z H,et al. Modeling shock loading behavior of concrete[J]. Int. J. Solids & Struct. 2001,38(48-49):8787-8803.

[18] WINNICKI A,PEARCE C J,BICANIC N. Viscoplastic Hoffman consistency model for concrete[J]. Computer and Structure,2001. 79:7-19.

[19] 肖诗云,林皋,王哲. Drucker-Prager 材料一致率型本构模型[J]. 工程力学,2003,20(4):147-151.

[20] 肖诗云,林皋,李宏男. 混凝土 WW 三参数率相关动态本构关系[J].计算力学学报,2004,21(6):641-646.

[21] STOLARSKI A. Dynamic strength criterion for concrete[J]. Journal of Engneering Mechanics,2004,130(12):1428-1435.

[22] 王哲,林皋,逯静洲. 混凝土的单轴率型本构模型[J]. 大连理工大学学报,2000,40(5):597-601.

[23] BAZANT Z P,PLANAS J. Fracture and size effect in concrete and other quasi-brittle materials[M]. Boca Raton,FL:CRC Press,1998.

[24] PARTON V Z,BORISKOVSKY V G. Dynamic fracture mechanics volume 1:Stationary cracks,revise edition[M]. New York:Hemisphere Pub. Corp,1989.

[25] PARTON V Z,BORISKOVSKY V G. Dynamic fracture mechanics volume 2:Moving cracks,revise edition[M]. New York:Hemisphere Pub. Corp,1989.

[26] FREUND L B. Dynamic fracture mechanics[M]. Cambridge:Cambridge University Press,1990.

[27] 范天佑. 断裂动力学[M].北京:北京理工大学出版社,1990.

[28] LIU C,KNAUSS W G,ROSAKIS A J. Loading rate and the dynamic initiation toughness in brittle solids[J]. International Journal of Fracture,1998,90:103-118.

[29] BLUMENFELD R. Dynamics of fracture propagation in the mesoscale:theory,theoretical and applied fracture[J]. Engneering Fracture Mechanics,1998,37:209-223.

[30] ROSAKIS A J,RAVICHANDRAN G. Dynamic failure mechanics[J]. International Journal of Solids and Structures,2000,37:331-348.

[31] RICE J R. Some studies of crack dynamics[M]. Proceeding of NATO Advanced Study

Institute on Physical Aspects of Fracture,2001.

[32] KIPP M E,GRADY D E,CHEN E P. Strain-rate dependent fracture initiation[J]. International Journal of Fracture,1980,16：471-478.

[33] KIPP M E,GRADY D E. Dynamic fracture growth and interaction in one dimension[J]. Journal of Mechanics and Physics of Solids,1985,33(4)：399-415.

[34] ZIELINSKI A Z. Model for tensile fracture of concrete at high rates of loading[J]. Cement and Concrete Research,1984,14：215-224.

[35] WEERHEIJM J. Concrete under tensile impact and lateral compression[D]. Netherland：Delft University,1990.

[36] REINHARDT H W,WEERHEIJM J. Tensile fracture of concrete at high loading rates taking account of inertia and crack velocity effects[J]. International Journal of Fracture,1991,51：31-41.

[37] GRADY D E,LIPKIN J. Criteria for impulsive rock fracture[J]. Geophysical Research Letters,1980,7(4)：255-258.

[38] ROSS C A,JEROME D M,TEDESCO J W,et al. Moisture and strain rate effects on concrete strength[J]. ACI Materials Journal,1996,93(3)：293-300.

[39] CHANDRA D,KRAUTHAMMER T. Dynamic effects on fracture-mechanics of cracked solid[J]. Engneering Fracture Mechanics 1995,51(5)：809-822.

[40] BAZANT Z P,LI Y N. Cohesive crack with rate-dependent opening and viscoelasticity：I. mathematical model and scaling[J]. International Journal of Fracture,1997,86：247-265.

[41] BAZANT Z P,LI Y N. Cohesive crack with rate-dependent opening and viscoelasticity：Ⅱ Numerical algorithm,behavior and size effect[J]. International Journal of Fracture,1997,86：265-278.

[42] KRAJCINOVIC D. Damage mechanics[M]. Amsterdam：Elsevier,1997.

[43] SUARIS W,SHAH S P. Constitutive model for dynamic loading of concrete[J]. Journal of Structural Engineering,1985.111(3)：563-577.

[44] 李庆斌,张楚汉,王光纶. 单轴状态下混凝土的动力损伤本构模型[J]. 水利学报,1994,12：55-60.

[45] LI Q B,WANG G L,ZHANG C H. Dynamic damage constitutive model of concrete in uniaxial tensiont[J]. Engineering Fracture Mechanics,1996,53(3)：449-455.

[46] 陈健云,李静,林皋. 基于速率相关混凝土损伤模型的高拱坝地震响应分析[J]. 土木工程学报,2003,36(10)：46-50.

[47] 陈健云,林皋,胡志. 考虑混凝土应变率变化的高拱坝非线性动力响应分析[J]. 计算力学学报,2004,21(2)：45-49.

[48] ZHENG S,HAEUSSLER-COMBE U,EIBL J. New approach to strain rate sensitivity of concrete in compression[J]. Journal of Engneering Mechanics,1999,125(12)：1403-1410.

[49] LENARD H,BALLEY P. Dynamic behaviour of concrete：the structural effects on compressive strength increase[J]. Mechanics of Cohesive-Frictional Materials,2000,5(6)：491-510.

[50] DENG H,NETMAT-NASSER S. Dynamic damage evolution in brittle microcracking solids[J]. Mechanics of Materials,1993,14：83-103.

[51] LI H B,ZHAO J,LI T J. Micromechanical modeling of the mechanical properties of granite under dynamic uniaxial compressive loading[J]. International Journal of Rock Mechanics and Mining Sciences,2000,37：923-935.

[52] LI H B,ZHAO J,LI T J. Analytical simulation of the dynamic compressive strength of granite using the sliding crack model[J]. International Journal for Numerical and Analytical Methods in Geomechanics,2001,25：853-869.

[53] HUANG C,SUBHASH G. Influence of lateral confinement on dynamic damage evolution during uniaxial compressive response of brittle solids[J]. Journal of the Mechanics and Physics of Solids,2003,51：1089-1105.

[54] 吴胜兴,周继凯,陈厚群.基于微观结构特征的混凝土动态抗拉强度提高机理及其统一模型[J].水利学报,2010,41(4)：419-428.

[55] 张楚汉,唐欣薇,周元德,等.混凝土细观力学研究进展综述[J].水力发电学报,2015,34(12)：1-18.

[56] KAPLAN S A. Factors affecting the relationship between rate of loading and measured compressive strength of concrete[J]. Magazine of Concrete Research,1980,32(11)：79-87.

[57] 侯顺载,李金玉,曹建国,等.高拱坝全级配混凝土动态试验研究[J].水力发电,2002,(1)：51-53,68.

[58] 马怀发,陈厚群,黎保琨.应变率效应对混凝土弯拉强度的影响[J].水利学报,2005,36(1)：69-76.

[59] 闫东明,林皋,王哲.变幅循环荷载作用下混凝土单轴拉伸特性研究[J].水利学报,2005,36(5)：593-597.

[60] 闫东明,林皋.不同初始静态荷载下混凝土动态抗压特性试验研究[J].水利学报,2006,37(3)：360-364.

[61] SPARKS P R,MENZIES J. The effect of rate of loading upon the static and fatigue strengths of plain concrete in compression[J]. Magazine of Concrete Research,1973,25(83)：73-80.

[62] HUGHES B, GUEST J. Limestone and siliceous aggregate concretes subjected to sulphuric acid attack[J]. Magazine of Concrete Research,1978,30(102)：11-18.

[63] 闫东明,李贺东,刘金涛,等.不同尺寸混凝土试件的动力特性探讨[J].水利学报,2014,45(S1)：95-99.

[64] 尚仁杰.混凝土动态本构行为研究[D].大连：大连理工大学,1994.

[65] 陈伟,彭刚,周寒清.不同应变率条件下不同尺寸混凝土单轴试验应力-应变分析[J].水电能源科学,2014,32(3)：134-137.

第2章
CHAPTER 2

混凝土在动力荷载下的性能试验

　　作为研究混凝土力学特性的基本手段,混凝土在动力荷载下的性能试验是理论分析、结构设计及安全性评价的基础。

　　本章主要介绍混凝土材料在动力荷载下的力学性能试验设备,混凝土材料在动力荷载下的力学性能,分析混凝土的强度和变形随加载速率变化的规律,系统分析造成混凝土材料力学特性随加载速率变化的原因,为研究混凝土在动力荷载下的破坏机理、建立准确的混凝土材料动力分析模型提供理论和试验基础。

2.1　混凝土动力试验系统

　　混凝土结构服役期间可能承受荷载的应变率变化很大,一般认为应变率 $10^{-6} \sim 10^{-5} \mathrm{s}^{-1}$ 之间为准静态,在地震荷载下结构响应应变率为 $10^{-3} \sim 10^{-2} \mathrm{s}^{-1}$,在物体冲击荷载下应变率为 $10^{0} \sim 10^{2} \mathrm{s}^{-1}$,在爆炸荷载或者子弹高速侵袭时的应变率为 $10^{1} \sim 10^{3} \mathrm{s}^{-1}$。由于混凝土在动力荷载下的试验破坏时间短,破坏荷载大,因此对试验机的刚度、出力和数据采集的准确性要求较高,很难有一种试验设备能够覆盖上述所有的加载速率范围。为了模拟混凝土在各种加载速率下的力学行为,研究人员研发了能产生不同应变率的试验设备和系统,如图2.1所示。

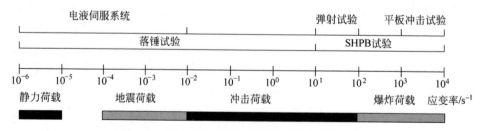

图2.1　不同应变率对应的荷载及动力试验设备

　　根据目前混凝土动力试验设备动力源的特点以及所适用应变率范围,一般可以分为以下几类:

　　(1) 电液伺服液压试验系统;

　　(2) 落锤试验系统;

　　(3) 分离式霍普金森压杆(split Hopkinson pressure bar,SHPB)试验系统;

　　(4) 其他系统。

2.1.1　电液伺服液压试验系统

　　液压试验系统是以液体作为内在驱动力传递媒介的试验系统的统称,一般具有电液伺服功能,即采用完全闭环控制,可以将荷载、应变、位移等物理量直接作为控制参数,实现自动控制。随着伺服阀、油泵等关键部件性能的提高,液压设备可以向多轴状态过渡,从而完成混凝土材料的双轴或三轴试验。电液伺服试验系统可与电子计算机配合使用,可以对应变率、位移速率或荷载速率进行精确控制,可以输出各种波形信号,方便进行电子化的数据采集和处理。

　　由于电液伺服试验机适应性广,因此在岩石和混凝土力学领域得到了广泛的应用,这类设备在试验机刚度足够的情况下,通常用来进行静力荷载下的试验,可以实现比较恒定的加载速率(应力率或者应变率,加载速率一般为 $10^{-6}\sim$ $10^{-5}\mathrm{s}^{-1}$)。将油缸通过气缸进行加压(气、液联动系统),增大试验系统的动力,可以进行更高应变率的材料动态性能试验。但是更高速的加载速率情况下(应变率超过 $1\mathrm{s}^{-1}$),由于试验所用的时间很短(小于 $10^{-3}\mathrm{s}$),伺服系统通过直接反馈控制得到恒定应变率的方法实施起来难度很大,现在的电液伺服试验机受换向阀换向时间(20ms以上)所限,难以获得上升沿足够陡峭的加载脉冲。目前,在压缩情况下,该类试验系统的加载速率最大可以达到 $10^{-1}\sim10^{0}\mathrm{s}^{-1}$;在拉伸条件下,可以接近 $10\mathrm{s}^{-1}$。

　　如图 2.2 所示,利用电液伺服试验系统,研究人员进行了大量的混凝土在动力荷载下的拉伸和压缩试验,得到了材料在动力荷载下的强度和弹性性能数据。1994 年尚仁杰[1]利用 MTS 疲劳伺服试验机进行了快速加载时混凝土轴向拉伸力学性能、快速压缩时混凝土力学性能、变形机理的试验研究,并研究了试件尺寸及骨料粒径对混凝土动态抗拉强度的影响。1997 年董毓利等[2]使用美国 MTS 815.02 型电液伺服加载

图 2.2　MTS 电液伺服试验系统

系统,进行了不同应变率下混凝土受压全过程的试验研究,应变率范围为 $10^{-5}\sim$ $10^{-2}\mathrm{s}^{-1}$。2003 年大连理工大学李木国等[3]自行研制了大型静动态液压伺服试验系统,在作动器、液压源、数字控制、模拟控制等方面采用新技术,可以实现混凝土

的动态单轴、双轴和三轴压缩试验,作动器响应频率可达 10Hz。

2001 年肖诗云[4]、林皋等进行了不同应变率下混凝土的动态拉伸和压缩试验研究,拉伸试验的应变率范围为 $10^{-5} \sim 10^{-2} \mathrm{s}^{-1}$,压缩试验得到的应变率范围为 $10^{-5} \sim 10^{-1} \mathrm{s}^{-1}$。2002 年吕培印[5]、宋玉普等进行了混凝土的动态压缩试验研究,实现的加载速率范围为 $2 \sim 2000 \mathrm{MPa/s}$,其相应的应变率范围达到 $10^{-6} \sim 10^{-3} \mathrm{s}^{-1}$;马怀发等[6]进行了高拱坝全级配混凝土动态试验研究。2002 年 Rome[7]利用 Instron 液压伺服试验机(最大加载 10t)对混凝土、骨料试件(加载速率为 $7 \times 10^{-4} \mathrm{s}^{-1}$)和砂浆(加载速率为 $3 \times 10^{-5} \mathrm{s}^{-1}$)进行动态抗压试验。

总的看来,液压试验系统具有很多优点,如试验技术相对成熟,加载速率控制精度高,荷载和变形值测量准确便捷,且可以较为方便地进行多轴加载。该类设备可以实现的应变率范围通常在 $10^{-6} \sim 10^{0} \mathrm{s}^{-1}$,对于研究地震荷载、风荷载等中低应变率的情况比较适用。但是液压动态设备对伺服阀、油泵等关键部位性能要求很高,因此成本相对较高,并且受出力和反馈系统响应的限制,很难适应更高加载速率的情况。要进行更高加载速率的试验,需要研发其他试验设备或系统。

2.1.2 分离式霍普金森压杆试验系统

1. 分离式霍普金森压杆试验系统简介

目前,分离式霍普金森压杆试验技术被认为是测量固体材料在较高应变率(超过 $10 \mathrm{s}^{-1}$)下动态特性最有效的方法[8,9]。1914 年,Hopkinson 提出了测试瞬态脉冲应力的压杆技术;1949 年 Kelsky 在此基础上进行了改进,提出了分离式的 Hopkinson 压杆技术,基本组成被沿用至今。SHPB 试验装置通常由一个锤状杆、应变片、入射杆和透射杆组成,基本配置如图 2.3 所示。

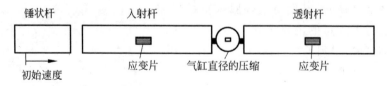

图 2.3 分离式霍普金森压杆试验装置

SHPB 试验装置利用两根弹性长杆,即入射杆和透射杆,试样夹在两杆中间,利用子弹高速撞击产生的应力波对试样进行加载。试件被夹在入射杆和透射杆之间。入射杆和透射杆上贴有应变片用来记录应变随时间变化的过程,从而得到被测试件两端的应力和应变随时间的变化过程。SHPB 试验装置,测试方法简单并且易于改装,常用于三轴、拉伸、扭转、绝热剪切、裂纹扩展速度测定、动态断裂韧性测试等多种试验[10,11]。

SHPB 装置受加载脉冲宽度的限制,较难获得 $10s^{-1}$ 以下的应变率,随着混凝土等多相复合材料被列入 SHPB 的试验对象,为保证试件材料的均匀性,试件尺寸不断加大,因而 SHPB 装置尺寸呈增大的趋势。近 20 年来,国内外相继出现了大尺寸($\phi50\sim\phi100$mm)的 SHPB 装置,随着材料在动力荷载下性能研究受到越来越多的重视,该类装置也得到了广泛的应用。

2. SHPB 方法的原理和基本方程

SHPB 试验系统的测量原理如图 2.4 所示。

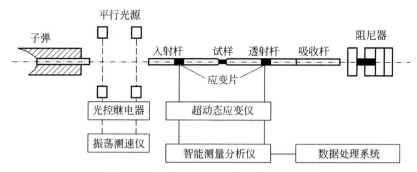

图 2.4 分离式霍普金森压杆试验示意图

SHPB 试验技术是基于一维弹性波理论。根据一维弹性波理论,如果一长杆(弹性模量 E,密度 ρ)呈弹性状态,则在杆端处的扰动(除高频外)将以波速 $C_0 = \sqrt{E/\rho}$ 向杆的远处传播。撞击杆撞击入射杆产生入射波 ε_i。当入射波到达入射杆右端面时,由于杆与试件的波阻抗不同,形成反射波 ε_r 和透射波 ε_t。反射波返回入射杆内,透射波则进入透射杆内传播,最后由缓冲器吸收。该系统的控制方程可以用式(2.1)~式(2.3)表示。

$$\sigma_s = EA\varepsilon_t/A_s = EA(\varepsilon_i + \varepsilon_r)/A_s \tag{2.1}$$

$$\varepsilon_s(t) = -\frac{2C_0}{l_0}\int_0^t \varepsilon_r \mathrm{d}t \tag{2.2}$$

$$\dot{\varepsilon}_s(t) = -\frac{2C_0}{l_0}(\varepsilon_i - \varepsilon_t) = -\frac{2C_0}{l_0}\varepsilon_r \tag{2.3}$$

由杆上应变片记录下应变波形 ε_i、ε_r 和 ε_t,经过动态应变放大器放大后存储于瞬态波形存储器,经过数据处理系统,可以得到试件在动力荷载下的变形性能。

3. SHPB 方法存在的问题和改进方法

用 SHPB 装置进行试验,首先应当满足其基本假定才能得到有意义的试验结果。目前在大尺寸 SHPB 试验中存在以下两个主要问题。

1）弥散效应问题

SHPB 试验中采用的是一维应力波假设，长为 L 的金属子弹撞击圆柱形入射杆会产生波长为 $2L$ 的矩形脉冲应力波，并且矩形波在压杆中传播时波形保持不变。但实际上，入射杆中部应变片测得的入射波波头部分有一定上升沿，并且波幅具有一定的振荡特征，这是由于杆中质点并非完全的一维运动，而是会有一定的横向运动，横向运动导致的弥散效应使得矩形波发生波形改变。

在混凝土的 SHPB 试验中，为解决混凝土材料的非均匀性问题必须加大杆径，同时为了确保一维假定的合理性还需相应地增加入射杆的杆长，这就会使测试中的弥散进一步加大。SHPB 试验中弹性波传播的二维数值分析也证明了这一点，在测试技术上通常采用两种方法减小弥散效应：一个是保证入射杆和反射杆的半径与应力脉冲宽度的比值 $\gamma/\lambda \leqslant 0.1$；另一个是数据处理时尽量采用透射波进行分析计算。

2）加载波形问题

按一维弹性波理论，入射杆被撞击杆撞击后将产生矩形加载波，但实际测得的波头都有一定的上升沿，并且有明显的振荡。矩形加载波可以看作由很多不同频率的谐波组成，各谐波由于传播速度不同会产生相角的变化，由此造成入射波上升沿时间及波幅的振荡；撞击杆与入射杆的撞击面不平整或两杆没有对中也会导致入射波上升沿时间的出现。对于混凝土或石块等脆性材料，由于其破坏应变很小，高应变率下达到破坏的历时很短，有的甚至在入射波的上升沿阶段就已经失效破坏，这也给试验结果分析带来一定误差。

目前常用的改进方法有预留间隙法[12,13]和波形整型器法[14]。预留间隙法是在入射杆和试件间预留一定的间隙，使得入射杆中的应力波达到稳定幅值后再对试件进行加载，能够使得入射波的初始上升沿时间为零，且波幅振荡减小，有效地减小了弹性波弥散带来的误差，避免了试件在加载波上升段的不稳定受力而使应变率历史曲线更趋于恒定。

2.1.3 落锤试验系统

为了得到较高的应变率，一些研究者也采用落锤的方法进行材料的动力荷载试验。常见的落锤冲击试验所用的试验装置如图 2.5 所示。

落锤加载系统由自由下落的重物、垂直轨道和测量系统组成。冲击载荷由重锤自由下落撞击承压体的活塞杆施加到试件上，可以通过调节落锤下落距离、落锤重量以及活塞杆垫板材料来获得不同的荷载脉冲，从而改变实际作用到试件上的应变率大小。落锤试验装置是一种简单、可靠的加载装置，其荷载控制灵活，是冲击动力学试验研究的重要加载设备，在混凝土等脆性材料的冲击力学性能试验领域有着广泛的前景。

早在 1953 年 Watstein[15]就开始采用落锤装置对素混凝土圆柱体试件进行了

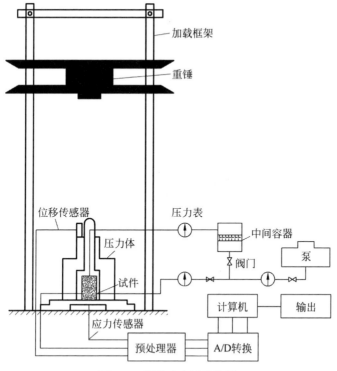

图 2.5　落锤冲击试验装置

应变率为 $10^{-6} \sim 10^{0}\mathrm{s}^{-1}$ 的单轴压缩试验。1991 年 Bischoff 等[16]采用类似技术研究了混凝土在动、静力荷载下强度以及断裂性能的差异。由于装置简单可靠,落锤试验还可以应用于岩石等脆性材料的动态力学性能试验、纤维混凝土材料动态力学性能试验。

　　受落锤质量和下落距离的限制,一般来说落锤试验适用的应变率范围为 $10^{-6} \sim 10^{1}\mathrm{s}^{-1}$,同时由于试件实际受到的荷载脉冲在很大程度上受到试件和落锤刚度的影响[17],因此较难准确控制动力荷载的波形和试件实际承受的应变率。

2.1.4　其他设备

1. 弹射试验装置

　　弹射试验装置是利用分子量级的气体(例如氢气、氮气等)驱动,进行高速碰撞试验的动力试验设备,其结构原理如图 2.6 所示。试验时将飞片粘贴于弹丸上,高压气体突然释放推动弹丸沿真空炮管运动。当高速的弹丸碰撞到靶板时,产生一个较高的压力脉冲,由应力计记录压力信号,不同的撞击速度将产生不同的压力峰

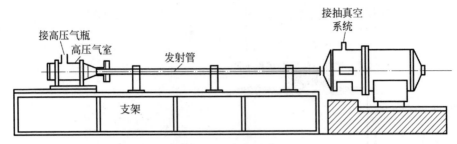

图 2.6　弹射试验装置

值,根据这一系列压力信号分析,即获得材料在动力荷载下的力学性能。

北京理工大学商霖等[18]采用图 2.6 所示设备,炮管长度为 17m,弹速为 20～1400m/s,对圆板形混凝土试件进行动态试验,试验中应变率范围为 $10^4 \sim 10^5 \mathrm{s}^{-1}$。以色列的 Dancygier 等[19]采用图 2.7 所示装置对高强混凝土进行动态冲击试验,通过气枪对弹头进行加速,射向设置在一定距离的混凝土板从而进行冲击破坏,试验中弹头速度最高达到 230m/s,换算到试件实际的应变率为 $10^3 \sim 10^4 \mathrm{s}^{-1}$。弹射设备原理简单,适用的应变率范围较大,设备易于改造,适应能力强,有着良好的发展前景。

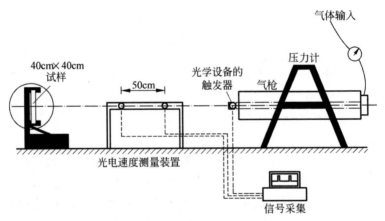

图 2.7　以色列研制的冲击试验装置示意图

2. 平板冲击(plate impact)试验装置

平板冲击是另外一种能获得高应变率的混凝土材料动态试验方法,应变率范围可达到 $10^2 \sim 10^4 \mathrm{s}^{-1}$。试验中,试件放在发射体装置的前端,在圆盘试件与发射体筒间留有空隙,这样在冲击过程中试件的后表面可以自由推移。通过调整发射装置和试件的布置,国内外研究人员研发了能产生不同加载速率的平板装置,如图 2.8 和图 2.9 所示。

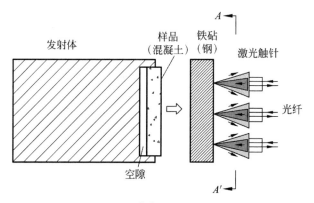

图 2.8 Grote 等[20] 采用的平板冲击装置

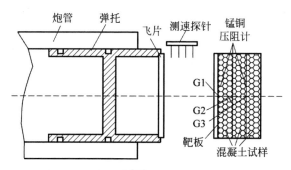

图 2.9 王永刚等[21] 采用的平板冲击装置

2.2 混凝土在动力荷载下的强度试验

对于多数情况来说,混凝土在动力荷载下的强度是工程师最关心的问题。1917 年,Abrams[22] 最先进行了混凝土单轴动态和静态压缩试验,并发现混凝土抗压强度存在速率敏感性,即在动力荷载下材料的破坏强度高于静力荷载。在此之后,研究人员开展了大量混凝土的动态特性试验研究。Bischoff 和 Perry[16] 总结了荷载速率对混凝土抗压特性影响的研究成果,综合分析了加载速率对抗压强度、弹性模量、峰值应变、泊松比和吸能能力的影响。由于混凝土试验装置和加载方法存在较大差异,同时混凝土试件本身的力学性能也不同,为便于比较分析,研究人员[23] 一般采用动力增强系数 DIF 来描述混凝土在动力与静力荷载下强度的变化情况。

文献[16]和文献[23]分别给出了自 20 世纪早期以来,众多试验所测得的混凝土在动力荷载下的拉伸和压缩强度与应变率的关系,如图 2.10 和图 2.11 所示。

从图 2.10 和图 2.11 中可以看出,尽管混凝土在动力荷载下的强度试验数据存在一定的离散,但仍可总结出以下结论:混凝土的动态抗压和抗拉强度随着应

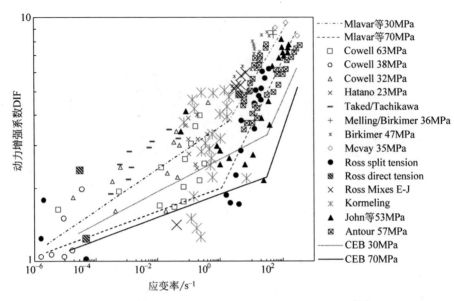

图 2.10   混凝土单轴抗拉强度随应变率变化关系图[23]

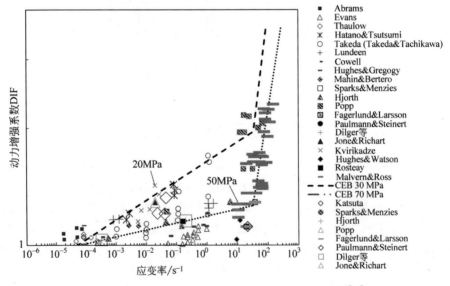

图 2.11   混凝土单轴抗压强度随应变率变化关系图[16]

变率的提高都有明显提高,而且存在着一个转折点,当应变率大于该点时,混凝土强度提高更加明显;混凝土的动态弹性模量有所提高;混凝土破坏时的应变(峰值应变)随应变率增加变化不明显。

欧洲混凝土协会(CEB)于 1987 年建议混凝土动力荷载下动力增强系数 DIF 计算公式[24]为

单轴拉伸：

$$\text{DIF} = \frac{f^{\text{dyn}}}{f_{\text{t}}} = \begin{cases} \left(\dfrac{\dot{\varepsilon}}{\dot{\varepsilon}_{\text{s}}}\right)^{1.016\delta}, & \dot{\varepsilon} \leqslant 30\text{s}^{-1} \\[3mm] \beta\left(\dfrac{\dot{\varepsilon}}{\dot{\varepsilon}_{\text{s}}}\right)^{1/3}, & \dot{\varepsilon} > 30\text{s}^{-1} \end{cases} \tag{2.4}$$

单轴压缩：

$$\text{DIF} = \frac{f^{\text{dyn}}}{f_{\text{c}}} = \begin{cases} \left(\dfrac{\dot{\varepsilon}}{\dot{\varepsilon}_{\text{s}}}\right)^{1.016\alpha}, & \dot{\varepsilon} \leqslant 30\text{s}^{-1} \\[3mm] \gamma\left(\dfrac{\dot{\varepsilon}}{\dot{\varepsilon}_{\text{s}}}\right)^{1/3}, & \dot{\varepsilon} > 30\text{s}^{-1} \end{cases} \tag{2.5}$$

$$\delta = \frac{1}{1 + 6f_{\text{c}}'/f_{\text{co}}'}, \quad \alpha = \frac{1}{1 + 8f_{\text{c}}'/f_{\text{co}}'} \tag{2.6}$$

式中，f_{t}，f_{c} 分别为混凝土的单轴静力抗拉、抗压强度；$\beta = 10^{7\delta-0.5}$；$\gamma = 10^{6\delta-0.5}$；$\dot{\varepsilon}_{\text{s}} = 3 \times 10^{-6}\text{s}^{-1}$ 为静力荷载的加载速率；$f_{\text{co}}' = 10\text{MPa}$。

可以看出，在欧洲混凝土协会提出的公式中，动力荷载下混凝土动力增强系数 DIF 与应变率的对数为双折线关系，转折点 $\dot{\varepsilon} = 30\text{s}^{-1}$。在应变率高于转折点后，混凝土的强度随应变率增加得更快。

Malvar 和 Ross[23] 在统计了更新的试验数据后对 CEB 混凝土动力荷载下的抗拉强度公式进行了修正，主要将应变率的转折点从 30s^{-1} 降低到 1s^{-1}，并且降低了较低加载速率的 DIF。所涉及的试验数据中最大加载速率为 177s^{-1}，对应的 DIF 为 7.0。

单轴拉伸：

$$\text{DIF} = \begin{cases} \left(\dfrac{\dot{\varepsilon}}{\dot{\varepsilon}_{\text{s}}}\right)^{\delta}, & \dot{\varepsilon} \leqslant 1\text{s}^{-1} \\[3mm] \beta\left(\dfrac{\dot{\varepsilon}}{\dot{\varepsilon}_{\text{s}}}\right)^{1/3}, & \dot{\varepsilon} > 1\text{s}^{-1} \end{cases} \tag{2.7}$$

Tedesco 和 Ross 等[25,26] 根据 SHPB 试验得到的数据，给出了混凝土的 DIF 与应变率的经验关系。

单轴拉伸：

$$\text{DIF} = \begin{cases} 2.929\lg\dot{\varepsilon} + 0.844, & \dot{\varepsilon} > 2.32\text{s}^{-1} \\ 0.1425\lg\dot{\varepsilon} + 1.833, & \dot{\varepsilon} \leqslant 2.32\text{s}^{-1} \end{cases} \tag{2.8}$$

单轴压缩：

$$\text{DIF} = \begin{cases} 0.758\lg\dot{\varepsilon} - 0.289, & \dot{\varepsilon} > 63.1\text{s}^{-1} \\ 0.0897\lg\dot{\varepsilon} + 1.058, & \dot{\varepsilon} \leqslant 63.1\text{s}^{-1} \end{cases} \tag{2.9}$$

同以往的公式相比较，Tedesco 和 Ross 给出的 DIF 公式中，主要的区别是抗拉强度和抗压强度的应变率转折点不同,抗拉强度动力增强系数的应变率转折点比 CEB 和 Malvar 的公式要低,而抗压强度动力增强系数的转折点要高。

可以看出,目前反映动力荷载下混凝土强度与加载速率关系的经验公式中,一般采用双折线或幂曲线来描述混凝土动力抗拉和抗压强度的增加,这是为了体现混凝土在较高加载速率下增加得更快的特点。采用动力增强系数(DIF)来描述混凝土在动力荷载下的强度变化规律,意义简单明了,便于工程应用。这种方法使用的是强度比值的形式,可以在一定程度上消除骨料性质、养护龄期以及试验条件不同所带来的误差,但是这仅仅是对混凝土动力荷载下的强度试验结果进行的简单的数据拟合,不能给出混凝土在动力荷载下的应力-应变关系,也没有反映混凝土率效应的内在本质,很难描述不同混凝土在各种动力荷载下的性能。

2.2.1   混凝土在单轴动力荷载下的抗拉强度

由图 2.10 可见,混凝土在动力荷载下的抗拉强度有明显提高,动力增强系数为 $1\sim10$,并且存在一个转折点(图中横坐标对应的应变率为 $1\sim10\mathrm{s}^{-1}$),当加载速率高于此转折点时,混凝土强度提高更加明显。影响混凝土动态强度和变形特性与应变率之间关系的因素很多,除了外部原因,如试验设备、加载条件和方式外,还有混凝土的内部原因,如混凝土的湿度条件、水灰比、骨料尺寸与形式、养护条件和龄期等。Malvar 等[23]发现无论在干燥或饱和状态下,低强混凝土率相关性大于高强混凝土,而且混凝土湿度越大加载速率对抗拉强度的影响也越大。

2.2.2   混凝土在单轴动力荷载下的抗压强度

从图 2.11 可以看出,混凝土在动力荷载下的抗压强度也有明显增加,但增长速度低于抗拉强度,动力增强系数为 $1\sim4$,转折点应变率为 $1\sim10^2\mathrm{s}^{-1}$,加载速率高于该点时,混凝土抗压强度增加非常明显。混凝土在动力荷载下仍然保持拉压强度非对称性,抗拉强度的率相关性大于抗压强度。

2.2.3   混凝土在多轴动力荷载下的强度

最早公开发表的混凝土双轴动态试验是 Mlakar 等[27]在 1985 年进行的中空圆柱体试件动态拉压试验。试验为轴向压缩和径向拉伸,双向应力按照近似比例加载。试验的应变量级为 $10^{-3}\mathrm{s}^{-1}$,试验表明:在双轴动态加载条件下,抗拉强度随着侧向压应力的增加而减小;随着应变率的增大,混凝土抗压强度增加,但破坏时的应变基本保持不变。

Zielinski[28]在改进的霍普金森压杆装置上进行了混凝土棱柱试样的动态拉压双轴试验,试验侧向压缩至预定恒定荷载,然后轴向动态拉伸。试验结果表明,当侧压力小于 $0.7f_\mathrm{c}$ 时,混凝土轴向抗拉强度基本相同;当侧压力大于 $0.7f_\mathrm{c}$ 时,轴向抗拉强度随着侧压力增大而减小。由此得到结论：双轴拉-压混凝土轴向抗拉强度的率效应与单轴抗拉时的相似，混凝土单轴拉伸试验确定的率效应也适用于其他多轴加载下的混凝土强度。

Weerheijm[29]分析了Zielinski[28]的动态双轴数据，并对Zielinski的"静态侧向压力水平不影响轴向动态抗拉强度"结论表示怀疑。随后，根据自己的霍普金森压杆动态双轴拉压试验，发现随着侧压力水平的增大，轴向抗拉强度明显减小，从而否定了Zielinski的结论。

吕培印[5]在三轴试验机上进行了定侧压劈拉试验。试验结果表明，随着侧压力水平提高，劈拉强度降低，这与Weerheijm的结论相同；而且，在相同的侧压力条件下，劈拉强度随加载速率的提高而提高。吕培印[5]还进行了定侧压条件下的混凝土双轴压缩动态试验。试验现象表明，混凝土双轴动态破坏模式与静态相近。混凝土的双轴抗压强度随侧压力和加载率的提高而提高。根据试验结果，拟合得到了不同加载率下的经验性双轴压缩破坏准则。

闫东明[30]在与吕培印等[31]相同的试验机上进行了混凝土的等比例双轴压缩动态试验和定侧压双轴动态压缩试验。试验结果表明，随着应变率的提高，各种应力组合下的强度均有提高的趋势；但随着侧压的提高，混凝土强度先增大后减小，这与Kupfer等[32]的静态双轴抗压强度规律相似。

在实际混凝土结构中，混凝土材料多处于三轴应力状态，承受动力荷载时，材料也处于动态三轴应力状态。但目前，混凝土在三轴应力状态下的动态试验资料仍然很少。

Takeda等[33]对棱柱体试件进行了动三轴试验。轴向应变率量级分别为$(0.2 \sim 2) \times 10^{-5} \mathrm{s}^{-1}$、$(0.2 \sim 2) \times 10^{-3} \mathrm{s}^{-1}$和$0.2 \sim 2 \mathrm{s}^{-1}$。试验的加载过程为：按静态加载方式将侧压力施加到试件上，然后在主轴方向以不同的应变率施加压缩荷载。试验表明：围压和轴向应变率都对最大轴向荷载和对应的临界应变有影响。在高应变率下，破坏准则有较大提高。在不同的应变率下，静水压力和偏应力经过相应应变率下的单轴强度标准化后，差别不大。这说明不同应变率下的破坏面在主应力空间保持平行。

Yamaguchi等[34]在Takeda等[33]的基础上将围压加至90MPa，得到了与之相同的结论。在较大的应变率下，破坏面增大，但当八面体正应力和剪应力用相应应变率下的抗压强度标准化后，破坏包络面靠拢，且形状相似。

Gran等[35]进行了混凝土的动三轴压缩试验，围压最高达100MPa，在单轴情况下，当应变率小于$0.5 \mathrm{s}^{-1}$时，应变率对混凝土的特性不产生影响。当应变率为$6 \mathrm{s}^{-1}$时，相对于静态（$10^{-4} \mathrm{s}^{-1}$），强度增加100%。三轴情况下，应变率为$2 \mathrm{s}^{-1}$时，破坏包络面增加30%～40%。

鞠庆海等[36]对凝灰岩和水泥砂浆混凝土进行了围压分别为0MPa、20MPa、40MPa和90MPa四个等级，加载速率范围为$10^{-1} \sim 10^{5} \mathrm{MPa/s}$（相当于应变率范

围为 $10^{-5} \sim 10^1 \mathrm{s}^{-1}$)的三轴压缩试验。混凝土试件为直径 30mm、长 60mm 的圆柱体,加载方式是静围压、动轴压,试验结果表明,动态轴向强度较静态强度增加。在围压分为 0MPa、20MPa 和 40MPa 时,最高加载速率较最低加载速率的强度分别提高 93%、83% 和 92%。

Fujikake 等[37,38]研究了三种混凝土分别在不同围压和不同应变率下的三轴性能。三种混凝土的抗压强度分别为 37.4MPa、46.2MPa 和 85.6MPa。试验围压高至 94.1MPa,加载应变率共 4 个量级,分别为 $1.2 \times 10^{-5} \mathrm{s}^{-1}$、$3.0 \times 10^{-2} \mathrm{s}^{-1}$、$3.0 \times 10^{-1} \mathrm{s}^{-1}$ 和 $2.0 \times 10^0 \mathrm{s}^{-1}$。试样采用直径 50mm、高 100mm 的圆柱体。试验结果表明:随着围压的增大,混凝土的率效应有降低的趋势,如图 2.12 所示。

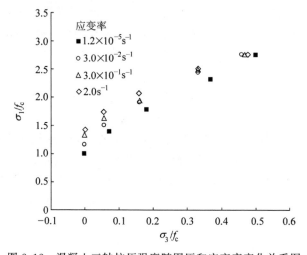

图 2.12　混凝土三轴抗压强度随围压和应变率变化关系图

闫东明[30]对三向应力状态下混凝土的动态特性进行了研究,侧向恒定压力分别为 0MPa、4MPa、8MPa、12MPa、16MPa 5 个量级。研究表明,随着围压的增加,混凝土三轴抗压强度有明显的增加;峰值应力处应变值增加幅度明显;而随着应变率的增加,围压较低时混凝土强度提高趋势较明显,围压较高时,动态强度没有明显的增加,而峰值应变基本不变。

2.2.4　动力荷载下经历荷载历史的混凝土强度

荷载历史和路径是影响混凝土在动力荷载下性能的重要因素,混凝土在承受初始荷载后会在混凝土内部产生相应程度的损伤,而损伤的存在就必然会对混凝土的性能造成影响。混凝土结构在实际应用中多是在承受静力荷载的基础上再承受动力荷载。因此,国内外研究者对荷载历史对混凝土动力性能的影响开展了相应研究。

已有研究表明,混凝土在经历不同的荷载历史后,所表现出的动态力学性能存在差异。部分研究结果表明,经历初始静荷载或荷载历史后,混凝土在动力荷载下的强度有所降低。如闫东明等[39,40]的研究表明,随着初始荷载的增加,动力荷载下混凝土的强度有降低的趋势;动力荷载下混凝土的弹性模量的变化在加载速率突变时更加明显;在地震作用的频率范围内,变幅循环荷载的影响主要取决于循环内最高加载速率时的动强度,而循环增幅的影响相对较小。肖诗云等[41,42]的试验研究表明,荷载历史对混凝土强度的影响与荷载历史加载值的大小相关,当加载值高于损伤应力值时,将导致混凝土极限抗压强度显著降低,且荷载历史幅值越大则混凝土的损伤值越大;若荷载历史幅值小于损伤应力值时,这时对混凝土强度的影响不明显,如图 2.13 和图 2.14 所示。

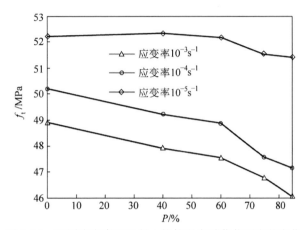

图 2.13　不同应变率下混凝土抗拉强度随荷载历史的变化

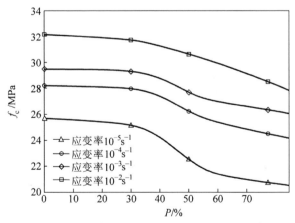

图 2.14　不同应变率下混凝土抗压强度随荷载历史的变化

而另外一些研究人员的结论表明,经历初始静荷载或荷载历史后,混凝土在动力荷载下的强度随着初始荷载的增加,呈现先增大后减小的趋势。如周继凯,马怀发等[43,44]的试验研究发现一定比例的预静力荷载对混凝土动态弯拉强度提高有利,当超过某一上限后变为不利。马怀发等[6]结合小湾高拱坝工程,开展大坝全级配仿真混凝土的抗压、弯拉动态试验研究,以及纯静力荷载对动态轴压和弯拉试验研究,试验中的混凝土增强系数如表 2.1 所示。从表中数据可以看出,初始静荷载对混凝土的强度无不利影响。全级配和湿筛混凝土在 40% 的静力荷载＋动力荷载时的极限弯拉强度与无初始静荷载时基本相同;在 80% 的静力荷载＋动力荷载时的极限弯拉强度最大。

表 2.1　混凝土试件平均强度增强系数[6]

	试件	纯静力荷载	80%静力荷载＋动力荷载	40%静力荷载＋动力荷载	纯动力荷载
极限弯拉强度/MPa	全级配	2.30	3.43	2.89	2.90
极限弯拉强度/MPa	湿筛	3.83	5.09	4.73	4.73
动力增强系数	全级配	1.00	1.49	1.26	1.26
动力增强系数	湿筛	1.00	1.33	1.23	1.23

谢玖杨等[45]的试验结果表明,在不同等幅循环荷载历史作用后,发现混凝土的峰值应力随着循环频率的提高先增大后减小,而峰值应变随着循环频率的提高而减小,峰值应力和应变均随着应变率的提高而增大。Cook 等[46,47]的研究结果表明,在连续荷载历史作用下,混凝土的强度稍有增加,刚度增加幅度较大;循环荷载历史作用下的混凝土强度稍有降低,但刚度明显降低。

徐超[48]的研究表明,在相同的应变率情况下,混凝土的峰值应力随着单调荷载历史幅值的增加而降低。当单调荷载历史应力水平低于某一损伤应力阈值时,单调荷载历史对混凝土造成的损伤较小,对混凝土强度的影响很小;当单调荷载历史应力水平高于某一损伤应力阈值时,单调荷载历史才对混凝土在动力荷载下的强度有影响。

2.2.5　动力荷载下饱和混凝土的强度

混凝土中的水分主要以两种形式分布在水泥砂浆及界面过程区中:化学结合水和自由水。前者在混凝土水化过程中成为水泥砂浆的组成部分,在烘干时不会蒸发;而后者存在于砂浆以及界面过程区的微裂纹和毛细管道内,在烘干的时候会蒸发。试验结果表明,经过烘干后的混凝土强度在较低加载速率情况下与应变率无关。另外,混凝土的水灰比也会影响混凝土的率效应,水灰比越高,混凝土的率效应越明显。而且,高强混凝土的加载率效应比普通混凝土的小。这些试验现象都表明,混凝土内的自由水分在其动力荷载下的性能中起着很重要的作用。

1. 动力荷载下饱和混凝土的抗拉强度

Ross 等[49]通过霍普金森压杆试验,研究了干燥、半干燥和饱和混凝土的抗拉强度随应变率的关系,得到的试验结果如图 2.15 所示。Rossi 等[50-52]也通过该方法进行了干燥与饱和混凝土的单轴动力拉伸试验,得到的试验结果如图2.16所示,Rossi等认为干燥混凝土抗拉强度不存在应变率效应。

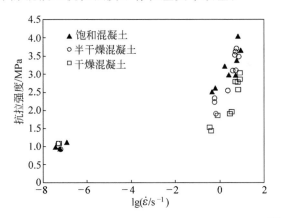

图 2.15　不同湿度混凝土的抗拉强度与应变率的关系[49]

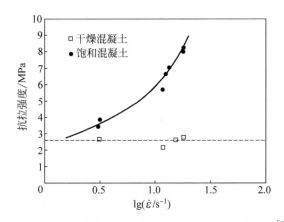

图 2.16　饱和、干燥混凝土动力抗拉强度与应变率关系[5]

Cadoni 等[53]利用 SHPB 试验,研究了干燥、相对湿度为 50% 及饱和三种混凝土,在三种应变率($10^{-6}s^{-1}$、$1s^{-1}$ 和 $10s^{-1}$)加载下的动力抗拉强度,结果如图2.17所示。

闫东明等[30,54]在 MTS810 型电液伺服万能试验机上对饱和混凝土和自然湿度的混凝土进行了直接拉伸试验,结果如图2.18所示。试验表明,饱和混凝土在动力荷载下的强度增加更加明显。现有研究认为混凝土中自由水的存在减弱了水泥石中凝胶颗粒之间的范德华力,但在较高应变率下,水分的黏性增大,同时混凝土裂纹穿过骨料破坏,导致混凝土强度增大。

宋来忠等[55]采用大型多功能静动力三轴仪对干燥混凝土和饱和混凝土进行了劈拉试验,结果表明饱和混凝土的劈拉强度对应变率更为敏感;低应变率下,饱和混凝土劈拉强度低于干燥混凝土,而在高应变率下饱和混凝土强度更高,如图2.19所示。

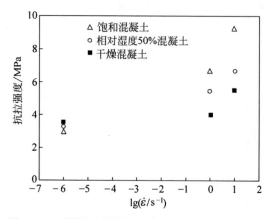

图 2.17　不同湿度混凝土抗拉强度与应变率的关系

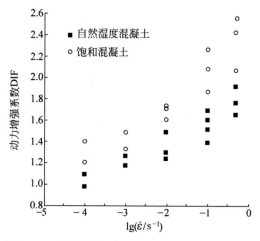

图 2.18　不同湿度混凝土的 DIF 与应变率的关系

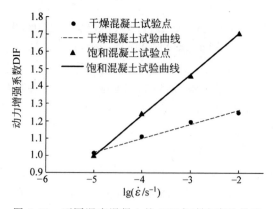

图 2.19　不同湿度混凝土的 DIF 与应变率的关系

从上述试验中可以得到,随着应变率的增大,饱和混凝土的抗拉强度增强系数明显大于干燥混凝土,也就是说,饱和混凝土抗拉强度的率效应比干燥混凝土的率效应更明显。对于混凝土的劈拉强度,同样显示了这样的规律。

2. 动力荷载下饱和混凝土的抗压强度

学者们也进行了一些动力荷载下饱和混凝土抗压强度试验。Ross 等[49]通过单轴压缩试验研究了干燥、半干燥和饱和混凝土随应变率变化的抗压强度特性,结果如图 2.20 所示。Ross[49]认为,动力荷载下混凝土强度的提高是因为荷载的惯性作用,混凝土内的自由水对荷载的惯性有放大效果,导致饱和混凝土与半干混凝土的抗压强度随应变率的增加比相同加载条件下的干燥混凝土更加明显。

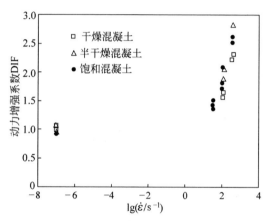

图 2.20 不同湿度混凝土的 DIF 与应变率的关系

Kaplan[56]对不同含水量的水泥砂浆试件进行了不同加载速率下的抗压强度试验,得到的结果如图 2.21 所示。从图中可以看出,随着加载速率的增大,较高含

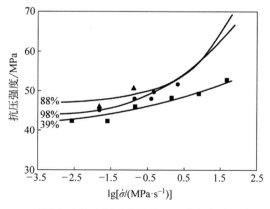

图 2.21 不同含水量水泥砂浆的抗压强度与加载速率的关系

水量混凝土的抗压强度增长较快。Kaplan 将此归因于混凝土内的孔隙水产生的有益作用,抑制了裂纹的扩展。

　　张永亮等[57]通过 SHPB 试验对干燥与饱和混凝土试件进行了不同应变率下的抗压强度试验,得到的结果如图 2.22 所示。从图中可以看出,饱和混凝土比干燥混凝土具有更高的强度敏感性,当加载速率较小时,饱和混凝土强度低于干燥混凝土,当加载速率超过临界值时,饱和混凝土强度高于干燥混凝土。张永亮等将饱和混凝土的率敏感性归结为孔隙水的黏滞性阻碍了裂纹的扩展。

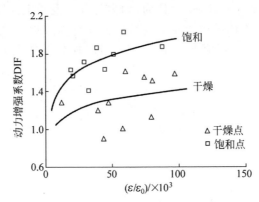

图 2.22　干燥与饱和混凝土 DIF 与应变率关系

　　可以看出,混凝土内自由水的存在,使得动力荷载下饱和混凝土抗压强度的提高比干燥混凝土更加明显。同时,在颗粒材料、岩石等其他材料中,材料内液体对其在动力荷载下的性能也有较大的影响。例如 Simon 等[58]在对颗粒材料动力特性的研究中发现,其强度与应变率以及颗粒材料间液体的黏度密切相关(图 2.23)。

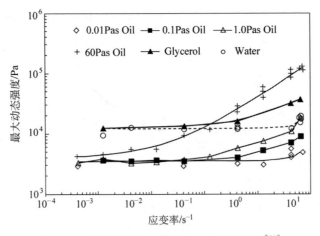

图 2.23　颗粒材料动态强度与应变率关系图[58]

　　对于大坝、过河桥梁的基础及墩台、海岸及近海岸的结构物、海洋采油平台等混凝土结构物或构筑物,一方面承受着上部荷载,另一方面又承受着水压力的作用,处在一种比较复杂的应力状态。同时,混凝土结构不可避免地遭受到动力荷载的作用,如地震、动水压力等。王浩[59]采用大型静、动态三轴液压伺服试验系统对干燥与饱和大骨料混凝土在各应力比条件下动态双轴抗压强度进行了研究(图2.24),研究表明,随着侧向压力的增加,抗压强度先增大而后减小。在准静态加载条件下饱和混凝土抗压强度小于干燥混凝土,而动力荷载下饱和混凝土的动态抗压强度大于干燥混凝土。

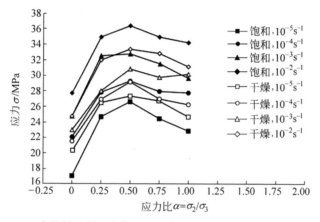

图 2.24　大骨料混凝土在各应力比条件下动态双轴抗压强度平均值

　　刘博文等[60]发现混凝土的率敏感性还与加载方式有关,随着孔隙水压循环次数的增加,动力荷载下混凝土强度增加更快,这是因为混凝土内孔隙中的自由水增加,从而使相应率敏感性增强,如图 2.25 所示。

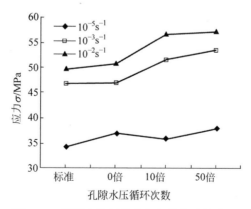

图 2.25　混凝土抗压强度与加载方式的关系

2.3 混凝土在动力荷载下的变形性能

2.3.1 混凝土在动力荷载下的弹性模量

从试验结果来看,大多数研究人员认为随着应变率的增加,初始切线弹性模量也随之增加。例如国外研究人员 Watstein[61]、Mchenry 等[62]、Hatano 等[63]、Wesche 等[64]、Mainstone[65]、Bresler 等[66] 的试验均表明,在动力荷载下混凝土的初始切线弹性模量有所增加。国内的研究人员也得出了类似的结论,如吕培印等[31] 进行了混凝土动态压缩试验,结果表明随着应变率的增加动态弹性模量也增加。还有肖诗云[4]、闫东明[30] 均认为随着应变率的增加混凝土的初始切线模量也增加。黄承逵等[67] 的试验表明,混凝土在动态拉伸时其弹性模量会随着加载速率的提高而提高,通过线性回归提出了动态弹性模量的表达式:

$$\frac{E_t^d}{E_t^s} = 1 + \alpha \lg \frac{\dot{\varepsilon}^d}{\dot{\varepsilon}^s} \tag{2.10}$$

式中,$\dot{\varepsilon}^s = 10^{-5}\,\mathrm{s}^{-1}$;$E_t^s = 3.164 \times 10^4\,\mathrm{MPa}$。

然而国外有些研究者,如 Takeda 等[33]、Dilger 等[68] 和 Ahmad 等[69] 的试验结果表明,应变率对混凝土的初始弹性模量没有影响。国内的田子坤[70] 发现不同应变率下抗拉混凝土弹性模量基本保持不变,即使经受荷载历史后,混凝土受拉弹性模量也基本不变。

虽然研究者们对不同应变率下混凝土弹性模量的变化趋势有不同的结论。但大部分研究者通常认为应变率增加时混凝土的弹性模量也增加,并且认为在 1/3 或破坏荷载处或在某一特定轴向应变处的割线模量也随应变率的增加而增加。欧洲混凝土协会(CEB)[24] 建议动力荷载下混凝土的弹性模量计算公式为

$$E_d/E_s = (\dot{\sigma}_d/\dot{\sigma}_s)^{0.025} \tag{2.11}$$

$$E_d/E_s = (\dot{\varepsilon}_d/\dot{\varepsilon}_s)^{0.026} \tag{2.12}$$

式中,$\dot{\sigma}_s = 1\,\mathrm{MPa/s}$;$\dot{\varepsilon}_s = 30 \times 10^{-6}\,\mathrm{s}^{-1}$。

现有研究成果中,绝大部分研究者认为割线模量随着应变率增加而增加,并且增加幅度较初始切线弹性模量更明显。如 Dhir 等[71] 的动力试验中,在加载速率为 2.5×10^{-4} 时,混凝土在 50% 强度处的割线模量增加了 22%;Zielinski[28] 在试验中测量了混凝土在 80% 强度处的动力割线模量,比静力荷载下增加了 40%;Bischoff 等[16] 对高、低两种强度的混凝土进行试验,发现在动力荷载下两种混凝土在极限应力时的割线模量分别增加了 13% 和 60%。

2.3.2　混凝土在动力荷载下的泊松比

一般认为,泊松比随应变率的增加而减小。吕培印和宋玉普[31]进行了四种加载速率 2,20,200,2000(单位:MPa/min)的混凝土动态抗压试验研究,测得的泊松比分别为 0.167,0.153,0.148,0.142。试验结论和此相同的还有 Takeda[33]和尚仁杰等[1]。但是,肖诗云[4]在试验中发现,泊松比并未随应变率的变化而发生明显的改变。闫东明[30]对饱和混凝土进行了动态直接拉伸试验,试验结果证明了泊松比随应变率的增加变化并不明显。Ross 等[23]发现混凝土的含水率对在抗拉荷载作用下混凝土的泊松比没有影响。田子坤发现在经历了相同应力水平历史荷载的情况下,泊松比并未随着加载速率的增加发生明显变化。另外,Sangha 和 Bischoff 等[16]的试验表明,随着应变率的增加混凝土泊松比也随之增加。

可见,混凝土泊松比随应变率的变化规律还未有统一的结论。因此欧洲混凝土协会(CEB)[24]建议混凝土在动力荷载下的泊松比不变。

2.3.3　动力荷载下混凝土的极限变形

对混凝土极限变形随应变率的变化规律,研究者的结论相差也较大。Takeda 等[33]、Ahmad 等[69]认为混凝土的单轴极限压应变随着应变率的增加而增加。Takeda 等[33]通过对几种不同形式的混凝土试件进行试验,当应变率为 $0.2s^{-1}$ 时,混凝土的临界应变是静态应变率时临界应变的 1.4 倍。Zielinski[28]测量了混凝土在破坏时的应变,在动力荷载下,混凝土的破坏应变是静力荷载作用时的 1.46 倍。

另外一部分研究人员认为混凝土的破坏极限应变和加载速率无关,如 Hatano 等[63]。同时 Dilger 等[68]认为混凝土的破坏极限应变随着应变率的增加而减小,减小幅度最多时达 30%。肖诗云等[41]进行的混凝土动态压缩试验也表明,在试验能够达到的应变率范围内,发现随着应变率的增加混凝土的受压破坏极限应变降低。

Bischoff 等[16]总结了已有试验成果中应变率与混凝土极限增大系数之间的关系图,如图 2.26 所示,从图中可以明显地看出不同的研究者得出了三种完全不同的结果。随着应变率的增加临界应变值有降低的趋势;一些研究者则观察到随着应变率的增加,临界应变值呈现连续增长的迹象;还有一些研究者则发现随着应变率的增加临界应变值没有变化。

影响峰值应力处应变值的因素很多,水灰比、骨料类型、养护条件、含水量等诸多因素都对混凝土的峰值应力处应变有着重要的影响作用。此外,在试验中所采用的变形测量方法也对试验的结果产生直接的影响。因此,不同研究者的结论可能只是针对某一些混凝土在一定条件下的结论,如果不结合这些影响因素综合加

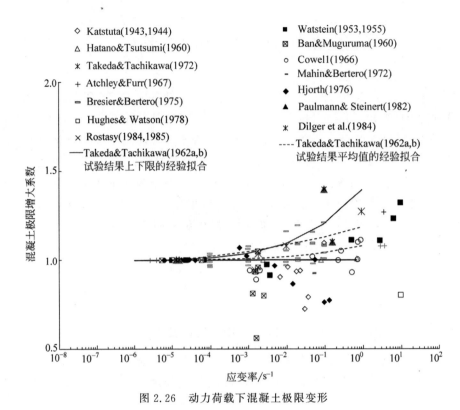

图 2.26   动力荷载下混凝土极限变形

以考虑,难以得出准确合理的结论。

2.4   小结

总的看来,混凝土的动态性能研究已经取得了丰富的研究成果,在许多方面已经形成了较为成熟的结论。但是仍然存在一些问题,这些问题主要表现在:抗压试验多,抗拉试验少;研究强度的试验多,研究变形的试验少;单向应力状态下的试验多,多轴应力状态下的试验少。并且,影响混凝土动态性能的因素众多,混凝土动态性能的试验方法多,标准不统一,不同试验设备和不同试验条件下的结果在一定程度上很难互相印证,这也加大了对混凝土在动力荷载下力学性能和机理研究的难度。

参考文献

[1]   尚仁杰.混凝土动态本构行为研究[D].大连:大连理工大学,1994.
[2]   董毓利,谢和平,赵鹏.不同应变率下混凝土受压全过程的实验研究及其本构模型[J].水利学报,1997,3(7):73-78.

[3] 李木国,张群,王静,等.大型液压伺服混凝土静动三轴试验机[J].大连理工大学学报,2003,43(6):812-817.

[4] 肖诗云.混凝土率型本构模型及其在拱坝动力分析中的应用[D].大连:大连理工大学,2002.

[5] 吕培印.混凝土单轴双轴动态强度和变形试验研究[D].大连:大连理工大学,2001.

[6] 马怀发,陈厚群.全级配大坝混凝土动态损伤破坏机理研究及其细观力学分析方法[M].北京:中国水利水电出版社,2008.

[7] ROME J I. Experimental characeterization and micromechanic modeling of the dynamic response and failure modes of conerete[D]. San Diego: University of California,2002.

[8] HARDING J,WOOD E D,CAMPBELL J D. Tensile testing of material at impact rates of srtain[J]. Journal of Engineering Mechanics,1960,2:88-96.

[9] BAKER W W,YEW C H. Strain rate effects in the propagation of torsional plastic waves [J]. Journal of Applied Mechanics,1966,33:917-923.

[10] 王祥林.多功能 SHPB 装置及水泥石材料的动态性能研究[J].实验力学,1995,10(2):110-119.

[11] 姜风春.Hopkinson 压杆实验技术的应用研究[J].哈尔滨工程大学学报,1999,20(4):56-60.

[12] 刘剑飞,胡时胜,王道荣.用于脆性材料的 Hopkinson 压杆动态试验新方法[J].试验力学,2001,283-290.

[13] 胡时胜,王道荣,刘剑飞.混凝土动态力学性能试验研究[J].工程力学,2001,36(4):115-126.

[14] 徐明利,张若棋,王悟,等.波形整形器在酚醛树脂的霍普金森压杆试验中的应用[J].爆炸与冲击,2002,29(2):377-380.

[15] WATSTEIN D. Effect of straining rate on the compressive strength and elastic properties of concrete[J]. ACI Journal,1953,45(8):729-744.

[16] BISCHOFF P H,PERRY S H. Compressive behaviour of concrete at high strain rates[J]. Materials and Structures,1991,24(144):425-450.

[17] 田和金,王鹰,张新,等.岩石力学动态试验系统研制[J].西安石油学院学报,1998,33(4):19.

[18] 商霖,宁建国.强冲击荷载下混凝土动态本构关系[J].工程力学,2005,22(2):116-120.

[19] DANCYGIER A N,YANKELEVSKY D Z. High strength concrete response to hard projectile impact[J]. International Journal of Impact Engineering,1996,18(6):583-599.

[20] GROTE D L,PARK S W,ZHOU M. Dynamic behavior of concrete at high strain rates and pressures: I. Experimental characterization [J]. International Journal of Impact Engineering,25(9):869-886.

[21] 王永刚,王礼立.平板撞击下 C30 混凝土中冲击波的传播特性[J].爆炸与冲击,2010,30(2):119-124.

[22] ABRAMS D A. Design of concrete mixtures [M]. Structural Materials Research Laboratory,Lewis Institute,Chicago,1918.

[23] MALVAR L J,ROSS C A. Review of strain rate effects for concrete in tension[J]. ACI Materials Journal,1998,95(6):735-739.

[24] CEB. Concrete structures under impact and impulsive loading[N]. CEB Bulletin,1987,No.

187,Lausanne.

[25]　TEDESCO J W,POWELL J C,ROSS C A,et al. A strain-rate-dependent concrete material model for ADINA[J]. Computers and Structures,1997,64(5-6): 1053-1067.

[26]　TEDESCO J W,ROSS C A. Strain-rate-dependent constitutive equations for concrete[J]. ASME J. Press. Vessel Technol,1998,120: 398-405.

[27]　MLAKAR P F,COLE R A,VITAYA-UDOM K P. Dynamic tensile-compressive behavior of concrete[J]. Journal of the American Concrete Institute,1985,82(4): 484-491.

[28]　ZIELINSKI A J. Concrete under biaxial compressive-impact tenslie loading,In: Fracture toughness and fracture energy of concrete[M]. Elsevier Science Publishers,1986.

[29]　WEERHEIJM J. Concrete under impact tensile loading and lateral compression[D]. Delft University of Technology,1992.

[30]　闫东明. 混凝土动态力学性能试验与理论研究[D]. 大连：大连理工大学,2006.

[31]　吕培印,宋玉普. 混凝土动态压缩试验及其本构模型[J]. 海洋工程,2002,33(4): 43-48.

[32]　KUPFER H,HILSDORF H K,RUSH H. Behavior of concrete under biaxial stresses[J]. ACI Material Journal,1969,66(8): 656-666.

[33]　TAKEDA J,TACHIKAWA H,FUJIMOTO K. Mechanical behavior of concrete under higher rate loading than in static test[J]. Mechanical Behavior of Materials,1974,2: 479-486.

[34]　YAMAGUCHI H,FUJIMOTO K,NOMURA S. Strain rate effect on stress-strain relationships of concrete[C]. Proceedings of 4th Symposium on the Interaction of Non-nuclear Munitions with Structures,1989.

[35]　GRAN J K,FLORENCE A L,COLTON J D. Dynamic triaxial tests of high-strength concrete[J]. Journal of Engineering Mechanics,1989,115(5): 891-904.

[36]　鞠庆海,吴绵拔. 岩石材料三轴压缩动力特性的试验研究[J]. 岩土工程学报,1993,15(3): 73-80.

[37]　FUJIKAKE K,MORI K,UEBAYASHI K,et al. Dynamic properties of concrete materials with high rates of tri-axial compressive loads[J]. Structures and Materials,2000,8: 511-522.

[38]　FUJIKAKE K,MORI K. Constitutive model for concrete materials with high rates of loading under triaxial compressive stress states[C]. Proceedings of the 3rd International Conference on Concrete under Severe Conditions,Vancouver,2001,1: 636-643.

[39]　闫东明,林皋. 不同初始静态荷载下混凝土动态抗压特性试验研究[J]. 水利学报,2006, (3): 360-364.

[40]　YAN D M,LIN G. Influence of initial static stress on the dynamic properties of concrete [J]. Cement and Concrete Composites,2008,30(4): 327-333.

[41]　肖诗云,张剑. 历经荷载历史混凝土动态受压试验研究[J]. 大连理工大学学报,2011, 51(1): 78-83.

[42]　肖诗云,张剑. 荷载历史对混凝土动态受压损伤特性影响试验研究[J]. 水利学报,2010, 41(8): 943-952.

[43]　周继凯. 高拱坝全级配混凝土动态弯拉力学特性试验与机理研究[D]. 南京：河海大学,2007.

[44]　马怀发,陈厚群,黎保琨. 预静载作用下混凝土试件的动弯拉强度[J]. 中国水利水电科学

研究院学报,2005,3(3):168-172.

[45] 谢玖杨,彭刚,胡海蛟,等.等幅循环加载历史后混凝土动态特性试验[J].人民黄河,2013,35(2):105-107.

[46] COOK D J,CHINDAPRASIRT P. Infulence of loading history upon the compressive properities of concrete[J]. Magazine of Concrete Research,1980,32(111):89-100.

[47] COOK D J,CHINDAPRASIRT P. Infulence of loading history upon the tensile properities of concrete[J]. Magazine of Concrete Research,1981,33(116):154-160.

[48] 徐超.加载历史对混凝土动态特性的影响[D].宜昌:三峡大学,2012.

[49] ROSS C A,JEROME D M,TEDESCO J W,et al. Moisture and strain rate effects on concrete strength[J]. ACI Material J,1996,93(3):293-300.

[50] ROSSI P. Physical phenomenon which can explain the mechanical behaviour of concrete under high strain rates[J]. Materials and Structures,1991,24(144):422-424.

[51] ROSSI P,VAN MIER J G M,TOUTLEMONDE F,et al. Effect of loading rate on the strength of concrete subjected to uniaxial tension[J]. Materials and Structures,1994,27(169):260-264.

[52] ROSSI P,VAN MIER J G M,BOULAY C,et al. The dynamic behaviour of concrete:influence of free water[J]. Materials and Structures,1992,25:509-514.

[53] CADONI E,LABIBES K,ALBERTINI C,et al. Strain-rate effect on the tensile behaviour of concrete at different relative humidity levels[J]. Materials and Structures,2001,34(235):21-26.

[54] 闫东明,林皋.环境因素对混凝土强度特性的研究[J].人民黄河,2005,27(10):61-62.

[55] 宋来忠,张伟朋,周斌,等.混凝土动态劈拉特性及损伤机理研究[J].三峡大学学报(自然科学版),2015,37(6):10-14.

[56] KAPLAN S A. Factors affecting the relationship between rate of loading and measured compressive strength of concrete[J]. Magazine of Concrete Research,1980,32(11):79-87.

[57] 张永亮,朱大勇,李永池,等.干燥和饱和混凝土动态力学特性及其机理[J].爆炸与冲击,2015,35(6):864-870.

[58] SIMON M,IVESON A,JAI A,et al. The dynamic strength of partially saturated powder compacts:the effect of liquid properties[J]. Powder Technology,2002,127:149-161.

[59] 王浩.饱和大骨料混凝土双轴动态力学性能试验研究[D].大连:大连理工大学,2017.

[60] 刘博文,彭刚,邹三兵,等.循环孔隙水作用下混凝土动态特性试验研究[J].土木建筑与环境工程,2015,37(5):88-94.

[61] WATSTEIN D. Effect of straining rate on the compressive strength and elastic properties of concrete[J]. ACI Materials Journal,1953(49):729-744.

[62] MCHENRY D,SHIDELER J J. Review of data on effect of speed in mechanical testing of concrete Symposium on speed of testing of non-metallic materials[J]. Philadelphia,American Society for testing Materials,1956,185:72-82.

[63] HATANO T,TSUTSUMI H. Dynamic compressive deformation and failure of concrete under earthquake load[C]. Proceeding of 2nd World Conference on Earthquake Engineering,1960,3:1963-1978.

[64] WESCHE K,KRAUSE K. The effect of loading rate on compressive strength and modulus of elasticity of concrete[J]. Material Prufurng,1972,14(7):212-218.

［65］ MAINSTONE R J. Properties of materials at high rates of straining or loading［J］. Materials and Structures,1975,8(44):102-116.

［66］ BRESLER B,BERTERO V V. Influence of high strain rate and cyclic loading of unconfinedand confined concrete in compression［C］. Proceedings of 2nd Canadian Conference on Earthquake Engineering,Hamilton,Ontario,1975:1-13.

［67］ 黄承逵,赵国藩,尚仁杰,等. 动荷载下混凝土强度变形特性及其试验方法的研究［J］. 水电站设计,1997,(1):19-24.

［68］ DILGER W H,KOCH R,KOWALCZYK R. Ductility of plain and confined concrete under different strain rates［J］. ACI Materials Journal,1984,81(1):73-81.

［69］ AHMAD S H,SHAH S P. Behavior of hoop confined concrete under high strain rates［J］. ACI Materials Journal,1985,82(5):634-647.

［70］ 田子坤. 混凝土单轴动态受拉损伤试验研究［D］. 大连:大连理工大学,2007.

［71］ DHIR R K,SANGHA C M. A Study of relationships between time,strength,deformation and fracture of plain concrete［J］. Magazine of Concrete Research,1972,24(81):197-208.

第3章

CHAPTER 3

动力荷载下混凝土的强度
变化机理与分析模型

　　由于混凝土性能在动力荷载下有较大变化,正确认识混凝土强度等力学性能在动力荷载下的变化机理,在此基础上提出较为准确的分析模型,对水利土木等基础工程设计来说具有重大意义。

　　现有试验研究表明,饱和混凝土的静力抗拉强度较干燥的混凝土有所降低;但饱和混凝土抗拉强度的率效应明显高于干燥的混凝土[1,2]。根据物相组成分析,发生上述试验现象和试验结果的主要原因为:混凝土中的自由水影响着混凝土的静、动力抗拉性能,混凝土原生孔隙和裂纹越多,即饱和混凝土中的自由水含量越高,混凝土的静、动力性能受自由水的影响越大。现有的混凝土率效应模型大多数都没有考虑混凝土中自由水分的影响,Rossi 等将混凝土内自由水分的影响归结于 Stefan 效应,提出了一种黏弹性模型来描述混凝土的率效应[3]。但 Rossi 的模型只是宏观的将混凝土材料作为黏弹性材料,并没有分析 Stefan 效应如何影响混凝土的动力性能,而且模型中没有考虑惯性的影响,不能解释在较高加载速率下的试验现象。

　　目前对饱和混凝土进行动力抗压强度的试验研究,特别是应变加载速率在中、低速加载范围内进行动力抗压性能试验研究的甚微,在现有的研究中加载速率基本是在冲击荷载的范围内,而且很少有研究从机理上给出解释。因此,本章探讨混凝土中的自由水在裂纹中的分布模式,考虑裂纹中自由水对动力荷载下应力强度因子的影响,并考虑混凝土内孔隙水在动力荷载下的演化规律,解释混凝土静力强度发生变化的机理,建立了动力荷载下混凝土的强度变化机理与分析模型。

3.1 动力荷载下混凝土单轴抗拉强度变化细观机理与分析模型

本节分析混凝土在单轴拉伸荷载下的破坏过程,同时考虑混凝土内自由水分的黏性影响和孔隙水压力变化规律,建立动力荷载下混凝土单轴抗拉强度变化机理与分析模型[4-7]。

3.1.1 单轴动力拉伸荷载下混凝土的破坏过程

混凝土为一种非均质的多相材料,通常由骨料、水泥砂浆和界面过渡区(interface transition zone)组成;对于普通混凝土,界面过渡区通常认为是上述三相中最薄弱的环节,受成型工艺、养护条件等原因的影响,在承受荷载之前,在混凝土中骨料和砂浆的界面上有初始裂纹存在(长度为 $2c$),见图 3.1(a)。

在单轴拉伸应力作用下,混凝土中裂纹的开裂及扩展演化规律为:随着外部荷载的增大,一定长度和分布角度的微裂纹满足开裂准则后,沿着界面迅速扩展,直到被具有更高强度(或更大断裂韧度)的水泥砂浆所束缚而停止,此时裂纹扩展达到骨料和砂浆的整个界面,详见图 3.1(b)。在此阶段通常认为微裂纹的扩展是一种自相似的扩展过程,即所有的微裂纹在原来的平面内按照长宽比保持不变的规律扩展。随着外加荷载的进一步增加,更多满足条件的微裂纹发生扩展,当外部拉应力增加大到使得微裂纹的应力强度因子超过水泥砂浆的断裂韧度后,微裂纹开始发生失稳扩展,混凝土材料发生宏观破坏,此时外部拉应力可以定义为混凝土的宏观抗拉强度[8]。

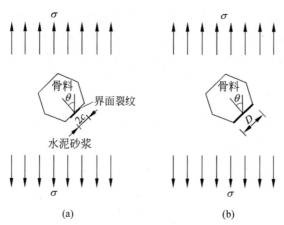

图 3.1 拉伸荷载下混凝土中微裂纹扩展规律

如图 3.1 所示的微裂纹在单轴拉应力作用下起裂准则为[8]

$$\left(\frac{K_{\mathrm{I}}}{K_{\mathrm{I}C}}\right)^2+\left(\frac{K_{\mathrm{II}}}{K_{\mathrm{II}C}}\right)^2=1 \tag{3.1}$$

式中，$K_{\mathrm{I}C}$ 和 $K_{\mathrm{II}C}$ 为混凝土的 Ⅰ、Ⅱ 型断裂韧度；K_{I} 和 K_{II} 为混凝土 Ⅰ、Ⅱ 型应力强度因子。此时，微裂纹的 Ⅰ、Ⅱ 型应力强度因子为等效的应力强度因子：

$$\begin{cases} K_{\mathrm{I}}=2\sigma\cos^2\theta\sqrt{\dfrac{c}{\pi}} \\[3mm] K_{\mathrm{II}}=\dfrac{4}{2-\nu}\sigma\cos\theta\sin\theta\sqrt{\dfrac{c}{\pi}} \end{cases} \tag{3.2}$$

由式(3.1)及式(3.2)可得：给定 c 值，当 $\theta=0°$ 时，σ 取得最小值，即此时的方位角为最易开裂的裂纹方位角（垂直于拉应力方向）；此种方位角下长度为 $c=D/2$ 的裂纹（最大的裂纹，对于混凝土可以取最大粒径骨料的长度），扩展所需要外界拉应力最小。因此在实际分析中，可假设外荷载方向与裂缝面垂直，即仅考虑控制性裂纹的扩展和演化情况，来分析混凝土在动力荷载下的性能。

3.1.2　动力荷载下混凝土的抗拉强度变化机理

1. 动力荷载下的 Stefan 效应

如图 3.2 所示，两个半径为 r 的平行圆盘中被黏度为 $k(\mathrm{Pa\cdot s})$ 的不可压缩流体分隔，圆盘间的距离为 h，当圆盘在垂直于圆盘方向以相对速度 v 运动时，它们之间的黏聚力为[9]

$$F_{\mathrm{c}}=\frac{3\pi k r^4}{2h^3}v \tag{3.3}$$

因此由黏聚力引起的拉应力为

$$\sigma_{\mathrm{t}}=\frac{3k r^2}{2h^3}v \tag{3.4}$$

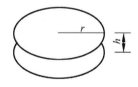

图 3.2　Stefan 效应示意图

可以看出黏聚力 F_{c} 与相对速度 v 和液体黏度 k 成正比，由线弹性断裂力学可知，裂纹位移与应力成正比，裂纹面的相对速度 $v=\mathrm{d}u/\mathrm{d}t$ 与加载速率成正比。因此可以假设裂纹间的黏聚力与加载速率成正比。

不难看出，在动力荷载下，湿混凝土中的自由水引起的黏聚力随加载速率的增大而增加，阻碍了混凝土中裂纹的开裂，使得混凝土的宏观等效断裂韧度和动力荷载下的强度增加。混凝土被烘干后，其中的自由水分很少，由 Stefan 效应产生的影响就很小，因此干混凝土的率效应不明显。

2. 饱和混凝土抗拉强度降低的机理分析

由于混凝土受拉时呈现出脆断的特征，因此根据 Griffith 理论，裂纹发生扩展的临界应力可以定义为混凝土材料的理论抗拉强度[9]：

$$\sigma = \sqrt{\frac{2E\gamma}{\pi a}} \tag{3.5}$$

式中,γ 为裂纹的表面能；E 为混凝土的弹性模量；a 为微裂纹的半长。由式(3.5)可以看出,混凝土的理论抗拉强度与材料的表面自由能有关。

根据表面物理学,对于非均质的复合材料,对其强度起主要作用的是界面的性质及其变化,当液体在固体表面湿润、铺展,使固体表面被一层液膜覆盖时,固体表面能降低,且随着饱和程度的加大,表面能的降低程度加大。对于被水填充、湿润的混凝土裂纹,其表面能为[10]

$$\gamma' = \gamma - \gamma_0 \tag{3.6}$$

式中,γ_0 为表面能的降低程度,对于一定尺寸的物体可以通过物理试验得到,如IGC(inverse gas chromatography)方法[11]。可以看出,对于湿润混凝土,由于裂纹表面能的下降,其断裂应力降低。虽然 Griffith 理论仅适用于尖锐裂缝且遵守胡克定律的理想脆性材料,但是对于混凝土材料来说,用来预测其数量级是正确的,因此可以根据其来解释混凝土抗拉强度降低的机理。对于混凝土材料来说,承受拉应力时,裂纹一旦开裂,混凝土即可达到受拉强度,因此湿润混凝土的抗拉强度有所降低。

3. 动力荷载下孔隙水分布的有益作用

孔隙水也会影响混凝土的力学性能,本节考虑孔隙水在静、动力荷载下的作用差别,分析了动力荷载下混凝土的性能。

静力作用下裂纹的扩展会使水在裂纹表面形成一个弯液面(图 3.3)。根据物理学由液体弯曲表面产生的附加压强为[12]

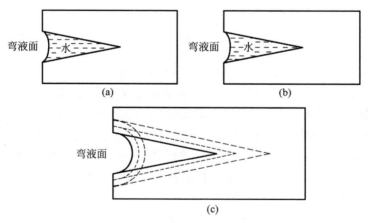

图 3.3   裂纹中孔隙水的分布及弯液面的形成

$$\Delta p = \frac{2\gamma_w \cos\alpha}{\rho} \tag{3.7}$$

式中，γ_w 为水的表面能；α 为水与固体面的接触角；ρ 为水弯液面的曲率半径。在准静力荷载作用下，裂纹中的自由水在表面张力作用下有足够的时间达到裂纹的尖端和对裂纹进行完全湿润，此时 $\alpha = 0°$，弯液面产生的附加压强为

$$\Delta p = \frac{2\gamma_w}{\rho} \tag{3.8}$$

由于混凝土微裂纹尺寸较小，其弯液面的曲率半径很小，因此弯液面产生的附加压强较大，其存在相当于楔体的"楔入"作用，促进了裂纹的开展，增大了混凝土的损伤。

在静力加载时，混凝土内的自由水分有足够的时间扩展到裂缝尖端；但是在动力荷载下，裂纹的快速扩展导致饱和试件裂纹中的自由水不能推至裂纹的尖端，根据表面物理学理论，快速加载时自由水在裂纹中的分布如图 3.4 所示。此时，相当于自由水的弯液面会在裂纹的尖端施加一个有益力，此有益力使得混凝土在动力荷载下的强度提高。

$$\sigma_f = \frac{2\gamma_w \cos\alpha}{\rho} \tag{3.9}$$

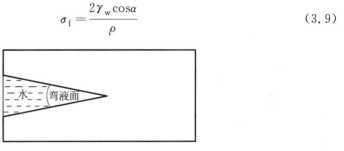

图 3.4 裂纹快速扩展时裂纹中自由水的分布

3.1.3 单轴动力拉伸荷载下混凝土强度分析模型

1. 考虑 Stefan 效应的单轴动力拉伸荷载下混凝土强度分析模型

本节采用线弹性断裂动力学来考虑材料中的裂纹，分析动力荷载下混凝土的性能。如图 3.5 所示，分析无限大介质中长度为 $2a$ 的单个裂纹，承受线性增加的拉应力荷载 $\sigma(t) = \dot\sigma t$ 下的动力响应。当裂纹面张开时，由 Stefan 作用引起的黏聚力 σ_c 会阻碍裂纹的开裂和扩展。因此作用于裂纹面的有效应力实际是

$$\sigma(t) = \dot\sigma t - \sigma_c = \dot\sigma(t - A) \tag{3.10}$$

式中，$\sigma(t)$ 是作用于 A 时刻的线性增加荷载（图 3.6）；A 是与水的黏度以及裂纹构型有关的常数。根据 Irwin 裂纹扩展准则，当裂纹尖端的动态应力强度因子

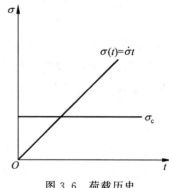

图 3.5　动力荷载下的裂纹构型　　　　图 3.6　荷载历史

$K_{\mathrm{I}}(t)$ 超过其临界值（断裂韧度）$K_{\mathrm{IC}}^{\mathrm{d}}$ 时，裂纹发生扩展。

　　建立如图 3.5 所示裂纹构型的控制方程来求解其动态应力-应变场，从而得到裂纹尖端的动态应力强度因子。对于平面问题，引入 Lame 势函数 $\phi(x,y,t)$ 和 $\varphi(x,y,t)$，则位移可以表示为

$$
\begin{cases}
u_x(x,y,t) = \dfrac{\partial \phi}{\partial x} + \dfrac{\partial \varphi}{\partial y} \\[2mm]
u_y(x,y,t) = \dfrac{\partial \phi}{\partial y} + \dfrac{\partial \varphi}{\partial x}
\end{cases}
\tag{3.11}
$$

应力分量为

$$
\begin{cases}
\sigma_{xx}(x,y,t) = \lambda \nabla^2 \phi + 2G\left(\dfrac{\partial^2 \phi}{\partial x^2} + \dfrac{\partial^2 \varphi}{\partial x \partial y}\right) \\[3mm]
\sigma_{yy}(x,y,t) = \lambda \nabla^2 \phi + 2G\left(\dfrac{\partial^2 \phi}{\partial y^2} - \dfrac{\partial^2 \varphi}{\partial x \partial y}\right) \\[3mm]
\sigma_{xy}(x,y,t) = G\left(2\dfrac{\partial^2 \phi}{\partial x \partial y} - \dfrac{\partial^2 \varphi}{\partial x^2} + \dfrac{\partial^2 \phi}{\partial y^2}\right)
\end{cases}
\tag{3.12}
$$

式中，$\lambda = Ev/[(1+v)(1-2v)]$；$G = E/[2(1+v)]$；Lame 势函数 ϕ 和 φ 满足波动方程：

$$
\begin{cases}
\nabla^2 \phi = \dfrac{1}{c_1^2}\dfrac{\partial^2 \phi}{\partial t^2} \\[3mm]
\nabla^2 \varphi = \dfrac{1}{c_2^2}\dfrac{\partial^2 \varphi}{\partial t^2}
\end{cases}
\tag{3.13}
$$

式中，c_1 和 c_2 分别为介质的耗散波速和剪切波速。

$$
c_1 = \sqrt{\dfrac{\lambda + 2G}{\rho_0}}
\tag{3.14}
$$

$$c_2 = \sqrt{\frac{G}{\rho_0}} \tag{3.15}$$

式中，ρ_0 为介质的密度。

由图 3.5 和图 3.6 知，该问题的边界条件可以表示为

$$\begin{cases} \sigma_{yy}(x,0,t) = \sigma(t), \quad \sigma_{xy}(x,0,t) = 0, \quad |x| < a, t > 0 \\ u_y(x,0,t) = 0, \quad \sigma_{xy}(x,0,t) = 0, \qquad |x| < a, t > 0 \\ \sigma_{ij}(x,y,t) = 0, \quad \sqrt{x^2 + y^2} \to \infty, \qquad t > 0 \end{cases} \tag{3.16}$$

假定裂纹在承受荷载前保持静止，即

$$\begin{cases} \phi(x,y,0) = \dot{\phi}(x,y,0) = 0 \\ \varphi(x,y,0) = \dot{\varphi}(x,y,0) = 0 \end{cases} \tag{3.17}$$

联立式(3.10)～式(3.17)，可以求得裂纹尖端的动态应力场，进而将裂纹尖端的动态应力强度因子表示为[13]

$$K_I(t) = M_I(t)\dot{\sigma}\sqrt{\pi a} \tag{3.18}$$

式中

$$M_I(t) = \frac{1}{2\pi i}\int_{c-i\infty}^{c+i\infty} f^*(p)\Phi_1^*(1,p)\mathrm{e}^{pt}\mathrm{d}p \tag{3.19}$$

式中，$f^*(p)$是荷载函数 $\sigma(t)$ 的拉普拉斯变换。

$$f^*(p) = \int_0^\infty \sigma(t)\mathrm{e}^{-pt}\mathrm{d}t \tag{3.20}$$

式(3.19)中 $\Phi_1^*(1,p)$是第二类 Fredhelm 积分方程的解。

$$\Phi_1^*(1,p) + \int_0^1 K_1(1,\eta,p)\Phi_1^*(1,p)\mathrm{d}\eta = 1 \tag{3.21}$$

式中

$$K_1(1,\eta,p) = \sqrt{\eta}\int_0^\infty s\left[f_1\left(\frac{s}{a},p\right) - 1\right]J_0(s)J_0(\eta)\mathrm{d}s \tag{3.22}$$

式中，J_0 是第一类零阶贝塞尔(Bessel)函数。要求解任意荷载形式下 K_I 的值，需要对荷载函数进行拉普拉斯变换求得 $f^*(p)$，然后求解积分方程式(3.21)求得 $\Phi_1^*(1,p)$，再将 $f^*(p)$和 $\Phi_1^*(1,p)$代入式(3.20)进行逆向拉普拉斯变换求出 $M_I(t)$，代入式(3.19)，即可求得 K_I 值。

按照上述步骤，可以求得在 Heaviside 荷载函数 $\sigma(t) = \sigma_0 H(t)$ (图 3.7)下的解[12]。Heaviside 荷载下名义应力强度因子 $M_I(t)$随

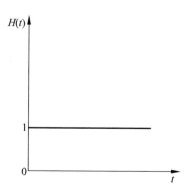

图 3.7　Heaviside 函数

名义时间的变化如图 3.8 所示。

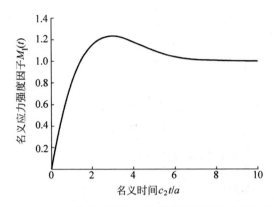

图 3.8   Heaviside 荷载下名义应力强度因子随名义时间变化图

在 Heaviside 荷载基本解的基础上,可以求得裂纹表面承受线性增加荷载($\sigma = \dot{\sigma}t$)下的动态应力强度因子值。

由于 $H(t)$ 和 t 的拉普拉斯变换分别为

$$\int_0^\infty H(t)\mathrm{e}^{-pt}\,\mathrm{d}t = \frac{1}{p} \tag{3.23}$$

$$\int_0^\infty t\,\mathrm{e}^{-pt}\,\mathrm{d}t = \frac{1}{p^2} \tag{3.24}$$

在 Heaviside 荷载下,式(3.18)中的系数 $M_\mathrm{I}(t)$ 满足

$$\frac{\Phi_1^*(1,p)}{p} = \int_0^\infty M_\mathrm{I}(t)\mathrm{e}^{-pt}\,\mathrm{d}t \tag{3.25}$$

对式(3.25)进行分部积分可以得到

$$\frac{\Phi_1^*(1,p)}{p^2} = \int_0^\infty \left[\int_0^t M_\mathrm{I}(\tau)\mathrm{d}\tau\right]\mathrm{e}^{-pt}\,\mathrm{d}t \tag{3.26}$$

联立式(3.23)~式(3.26),可以求得线性增加荷载下裂纹尖端的动态应力强度因子的表达式为

$$K_\mathrm{I}(t) = N_1(t)\dot{\sigma}\sqrt{\pi a}, \quad N_\mathrm{I}(t) = \int_0^t M_\mathrm{I}(\tau)\mathrm{d}\tau \tag{3.27}$$

式中,$M_\mathrm{I}(\tau)$ 为 Heaviside 荷载下的名义应力强度因子值。

考虑混凝土中自由水的黏滞作用时,实际作用在裂纹上的应力为 $\sigma(t) = \dot{\sigma}(t-A)$,可以看成线性增加的荷载作用在 $T_0 = A$ 时刻。根据式(3.27)可以求得其动态应力强度因子值,为便于与静态应力强度因子相比较,将动态应力强度因子写成如下形式:

$$K_\mathrm{I}^\mathrm{d} = \sigma(t)\sqrt{\pi a}\,f(c_2 t/a) \tag{3.28}$$

式中,$\sigma(t)\sqrt{\pi a}$ 为静态应力强度因子;$f(c_2 t/a)$ 为线性增加荷载下的名义应力强

度因子。由上述分析可以求得在线性增加荷载下名义应力强度因子 $f(c_2 t/a)$ 随名义时间的变化关系,如图 3.9 所示。

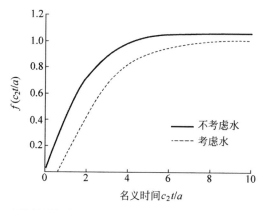

图 3.9　线性增加荷载下名义应力强度因子随名义时间变化图

由图 3.9 可以看出,如果不考虑混凝土中的自由水,当应变率很小,混凝土材料破坏时间较长,即 $c_2 t/a$ 远大于 1 时,裂纹尖端的动态应力强度因子值趋近于相应静力荷载下的值,这时候混凝土的率效应就很小;当应变率较大,$c_2 t/a$ 变小,动态应力强度因子值比相应静力荷载下的值小得多,这时候混凝土的率效应就比较明显。当考虑混凝土中的自由水分时,由于黏聚力的作用,即使加载速率较小时,裂纹尖端的动态应力强度因子值(如图 3.9 虚线所示)仍然比相应静力荷载下的值小,混凝土材料仍然具有一定的率效应。

假设混凝土的实际(微观)断裂韧度并不随着应变率的变化而变化,也就是说 $K_{IC}=K_{IC}^{d}$,由于动力荷载下应力强度因子比静力荷载下小,要达到相应的临界应力强度因子,动力荷载下的应力水平就相应地会比静力荷载下的高。静力荷载下的破坏准则为

$$K_{I}=\sigma \sqrt{\pi a}=K_{IC} \tag{3.29}$$

在动力荷载下,由于惯性和自由水黏性的影响,只有当应力达到 $\sigma=D\sigma(t)$ 时,裂纹尖端的动态应力强度因子才能达到临界应力强度因子 K_{IC}^{d},动力荷载下的破坏准则可以写成

$$K_{I}^{d}\big|_{\sigma=D\sigma(t)}=Df(c_2 t/a)\sigma(t) \sqrt{\pi a}=K_{IC}^{d} \tag{3.30}$$

对比式(3.29)和式(3.30),动力荷载下的强度增强系数可以表示为

$$D=1/f(c_2 t/a) \tag{3.31}$$

如果裂纹在线性增加荷载下 t 时刻发生扩展,它在动力荷载下的强度(动力断裂韧度)增强系数和名义时间的关系如图 3.10 所示。Ravi-Chandar 等[14] 对 Homalite-100 塑料进行了一系列的试验,得出了在不同加载速率下的开裂时间。图 3.10 给出了文献[14]试验结果与本问题模型的对比。由图 3.10 可以看出,在

动力荷载下的强度 σ_c（临界动力断裂韧度 $\sigma_c\sqrt{\pi a}$）和开裂时间成反比关系,和试验结果基本吻合。

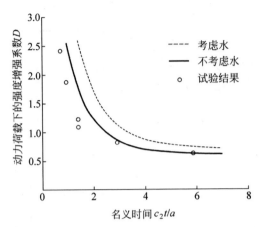

图 3.10   动力荷载下强度增强系数和名义时间关系图

获得材料在动力荷载下的破坏时间后,可以求得混凝土等脆性材料在动力荷载下的强度增强系数。在线性增加的荷载下,加载速率 $\dot{\sigma}$ 为常数,因此开裂时间可以表示为

$$t=\frac{D\sigma_0}{\dot{\sigma}} \tag{3.32}$$

其中,σ_0 是混凝土材料的单轴静力抗拉强度。假设混凝土在受拉情况下,裂纹开裂即发生失稳扩展,材料即发生破坏,联立求解式(3.31)和式(3.32),可以得到动力荷载下混凝土强度增强系数 D 和加载速率 $\dot{\sigma}$ 的关系:

$$\frac{D}{f^{-1}(1/D)}=\frac{a\dot{\sigma}}{c_2\sigma_0} \tag{3.33}$$

材料参数取值为:$a=3\mathrm{cm}$,$c_2=500\mathrm{m/s}$,$\sigma_0=3\mathrm{MPa}$,$E=3\times10^4\mathrm{MPa}$,式(3.10)中 $A=1.8\times10^{-3}\mathrm{s}$。将这些参数代入式(3.33)就可以得到动力荷载下混凝土的抗拉强度增强系数 D 与应变率的关系,如图 3.11 所示。从图中可以看出,本章模型与文献[15]中的试验结果吻合较好,湿混凝土在动力荷载下强度的增加明显高于干混凝土。

根据自由水的黏滞作用,本节提出了一种可以解释混凝土抗拉率效应的断裂力学模型。与试验结果对比表明:模型能较好地解释干、湿混凝土在动力荷载下的强度提高机理。应该指出,虽然混凝土在拉伸荷载下的破坏是微裂纹产生、扩展和串接,最后导致宏观裂纹的失稳扩展。但是本节中提出的模型是针对单个控制性裂纹进行的,并未考虑多个裂纹的相互影响,仅仅是对混凝土率效应的机理做出一个细观解释,要准确地计算包含多个随机微裂纹的真正混凝土材料的在动力荷载下的强度还远远不够。

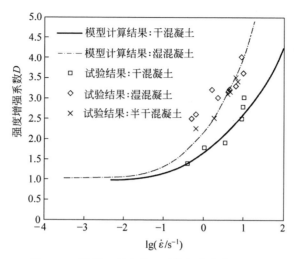

图 3.11　混凝土强度增强系数与应变率关系图

2. 考虑孔隙水演化的单轴动力拉伸荷载下混凝土强度分析模型

根据前述模型,裂纹的快速扩展导致饱和试件裂纹中的自由水不能推至裂纹的尖端,此时,相当于自由水的弯液面会在裂纹的尖端施加一个有益力,本节考虑此有益力提出了考虑孔隙水演化的单轴动力拉伸荷载下混凝土强度分析模型。

设 V 为裂纹面的相对速度,与加载速率成正比;加载速度越快、裂纹面的张开度越小,液体产生的黏聚力越大。因此假设水产生的黏聚力与加载速率成如下的正比关系:

$$\sigma_v = kV = \dot{\sigma}\omega \tag{3.34}$$

式中,$k = 3\mu r^2/(2h^3)$。

根据前述对拉伸荷载下混凝土裂纹扩展规律的分析,混凝土受拉强度的讨论可以直接利用 I 型裂纹来进行。因此动力拉伸荷载作用下,对于自相似裂纹,饱和混凝土裂纹尖端的应力强度因子为

$$K_I^d = \left[f(V)(\dot{\sigma}t - \sigma_f) - \dot{\sigma}\omega \right]\sqrt{\pi c} \tag{3.35}$$

式中,$f(V)$ 为动力拉伸荷载下名义应力强度因子系数。对于干燥混凝土,$\sigma_f = \sigma_v = 0$,由此可以看出,快速加载时裂纹中的自由水会产生一种有益的作用力,使得裂纹的应力强度因子减小。$f(V)$ 与裂纹开展速度有关,根据 Kanninen 等[16]研究成果,可取值如下:

$$f(V) = m\left[1 - (V/V_{cl})^n\right] \tag{3.36}$$

式中,m、n 为材料参数,可以通过试验得到;V 为裂纹扩展的速度,与加载的速度有关;V_{cl} 为材料的极限速度,具体表达为

$$V_{cl} = 0.38\left(\frac{E}{\rho_m}\right)^{\frac{1}{2}} \tag{3.37}$$

式中，ρ_m 为材料的密度。

在细微观层次上，可以认为：混凝土基体相的断裂韧度不随加载速率发生变化，因此快速加载时混凝土的开裂准则可采用如下形式：

$$K_I^d = K_{IC}^M \tag{3.38}$$

由式(3.34)及式(3.37)可以得到动力荷载下干燥混凝土的抗拉强度：

$$\sigma_{dry}^d = \frac{K_{IC}^M}{f(V)\sqrt{\pi c}} \tag{3.39}$$

动力荷载下饱和混凝土的抗拉强度为

$$\sigma_{sat}^d = \frac{K_{IC}^M}{f(V)\sqrt{\pi c}} + \frac{\dot{\sigma}\omega}{f(V)} + \sigma_f \tag{3.40}$$

比较式(3.39)与式(3.40)可以看出，动力荷载下饱和混凝土的抗拉强度较干燥混凝土有所提高，提高的主要原因不仅与裂纹的开展速度有关，还与自由水的黏性及弯液面所产生的有益力有关。高速加载时，混凝土抗拉强度的提高主要与裂纹的扩展速度有关，中、低速加载时混凝土抗拉强度的提高主要与裂纹中自由水的有益作用有关。

图 3.12 为利用本章模型计算得到的动力荷载下饱和与干燥混凝土抗拉强度随裂纹扩展速度(与加载速度有关)的关系曲线，可以看出，随着加载速度的增大，饱和混凝土强度提高的幅度大于干燥混凝土。计算中各参数的取值为：$K_{IC}^M = 0.115\text{MN/m}^{3/2}$，$c = 1.3\text{cm}$，$n = 1/3$，$m = 1/4$，$k = 0.3 \times 10^6$，$\sigma_f = 0.2\text{MPa}$。

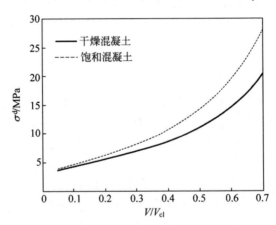

图 3.12　动力荷载下混凝土的抗拉强度与裂纹开展速度关系

从模型中可以看出，准静态加载条件下，混凝土裂纹与孔隙中的自由水加速了混凝土基体的损伤，使得混凝土的强度有所降低；当加载速率较快时，混凝土裂纹与孔隙中的自由水作为一种有益力出现，使得混凝土界面相的强度相应提高，基体相的强度趋于均化，导致动力荷载下饱和混凝土的强度有所增长。

3.2 动力荷载下混凝土单轴抗压强度变化细观机理与分析模型

由于混凝土材料在受拉伸和压缩荷载下,内部微裂纹的扩展和破坏方式不同,混凝土的力学特性也差别很大。例如混凝土的强度、变形、试验结果离散性以及尺寸效应等在拉伸和压缩情况下都有很大的差别。同样,混凝土的率效应在拉伸和压缩情况下也有所不同。试验表明,在加载速率相同时,动力荷载下混凝土的抗拉强度增强系数要比抗压强度增强系数高,在较高加载速率下,这个现象更加明显。在应变率达到 $10^2\,\mathrm{s}^{-1}$ 时,动力荷载下混凝土的抗拉强度增强系数为 7~10,而抗压强度增强系数为 2 左右[17,18]。

本节在翼型裂纹模型的基础上,根据普通混凝土中裂缝的发生、发展直至破坏的过程,以及不同加载率对裂纹开展速率和孔隙水压力的不同影响,考虑扩展弯折微裂纹之间相互作用的影响,推导出了混凝土的静力抗压强度。并在 3.1 节工作的基础上,考虑混凝土中自由水的黏滞力、裂纹扩展速度以及加载惯性的影响,分析了动力荷载下混凝土的抗压强度[5,7]。从理论上对准静态及中、低加载速率条件下干湿混凝土力学性能的变化进行合理的探讨与解释。

3.2.1 单轴动力压缩荷载下混凝土的破坏过程

通常可以采用滑移裂纹模型(sliding crack model),也叫作翼型裂纹模型(wing crack model)来描述脆性材料在受压缩荷载下的细观力学行为。其主要内容概述如下[19,20]。

假设混凝土材料由均匀的水泥砂浆和骨料组成,所有初始币型微裂纹分布在砂浆和骨料的界面上。当材料承受远场荷载 σ 时,裂纹表面产生了剪应力 τ_n 和压应力 σ_n 如图 3.13(a)所示。剪应力有使裂纹面相互滑移的趋势,由于裂纹面是闭合的,压应力产生的摩擦力 $\mu\sigma_n$ 阻碍裂纹面的相互滑移。因此裂纹面上的有效滑动应力为

$$\tau_n^{\mathrm{e}} = \tau_n - \mu\sigma_n = (\sin\theta\cos\theta - \mu\sin^2\theta)\sigma_1 \tag{3.41}$$

式中,θ 为裂纹与轴向应力的夹角;μ 为裂纹面与骨料的摩擦系数。

当外荷载逐渐增大,裂纹尖端的应力强度因子超过界面的断裂韧度时,裂纹会发生Ⅱ型开裂并自相似扩展至整个界面,然后为具有更高强度的水泥砂浆所束缚而停止扩展,如图 3.13(b)所示。当外荷载继续增加并沿微裂纹前沿产生较大的拉伸应力,裂纹尖端的应力强度因子超过水泥砂浆的断裂韧度时,裂纹会发生弯折(kinking)扩展,扩展的翼型裂纹沿着曲线的方式继续扩展,最终扩展至与外加压应力平行的方向,如图 3.13(c)所示。

要分析实际三维微裂纹的张开位移的解析表达式及其扩展演化过程是非常困

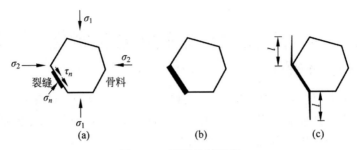

图 3.13　裂纹扩展过程

（a）初始阶段；（b）Ⅱ型扩展；（c）裂纹弯折扩展

难的。一般可以用如图 3.14 所示的二维等效微裂纹来近似求解,简化的原则是等效裂纹与实际微裂纹的应力强度因子相同[21]。

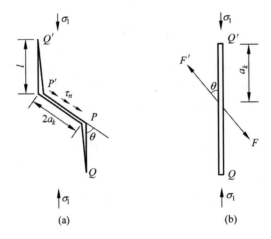

图 3.14　混凝土的弯折裂纹和等效模型

（a）混凝土中弯折裂纹；（b）等效裂纹模型

图 3.14 中 a_k 是裂纹扩展前的半长,θ 是裂纹面与外加应力 σ_1 的夹角,作用在裂纹表面的等效劈裂力为

$$F = 2a_k(\sin\theta\cos\theta - \mu\sin^2\theta)\sigma_1 \qquad (3.42)$$

因此等效劈裂力 F 在 Q 点和 Q' 点产生的应力强度因子为

$$K_{\mathrm{I}} = \frac{F\sin\theta}{\sqrt{\pi a_l}} \qquad (3.43)$$

式中,a_l 是等效扩展裂纹的半长,$a_l = l + 0.27a_k$。

可以看出,混凝土受拉伸荷载时,当裂纹尖端的应力强度因子超过材料的断裂韧度时,裂纹就会发生失稳扩展。与混凝土受拉不同,混凝土在承受压缩荷载时,在发生弯折扩展后,随着裂纹逐渐扩展,裂纹长度逐渐增加,裂纹尖端的应力强度因子逐渐减小。由式(3.43)可以看出:由于 $\partial K_{\mathrm{I}}/\partial a_l < 0$,裂纹扩展是一个稳定发

展的过程,只有当混凝土侧向存在一个拉应力时,混凝土内裂纹才有可能发生失稳扩展[22]。因此,仅仅考虑单个裂纹的扩展,不能求得混凝土的抗压强度。事实上,必须考虑由于其他微裂纹的存在对该裂纹尖端应力场产生的扰动造成该裂纹应力强度因子的变化。在裂纹发生扩展前,裂纹间距较大,裂纹间的相互作用并不明显;但随着裂纹的逐渐扩展,它们的间距逐渐减小,相互作用逐渐增大并开始起主导作用[23]。裂纹间的相互作用使得裂纹尖端的应力强度因子迅速增大,并导致裂纹的失稳扩展,最终导致混凝土破坏。可以认为 $\partial K_{\mathrm{I}}/\partial a_l = 0$ 的临界点即对应于混凝土在单轴压缩下的破坏,因为在此之后 $\partial K_{\mathrm{I}}/\partial a_l > 0$,混凝土材料不能承受更高的荷载。

3.2.2 单轴动力压缩荷载下混凝土的强度变化机理

1. 黏聚力引起的单轴动力压缩荷载下混凝土的强度变化

在动力荷载下,裂纹面上承受自由水黏滞作用,黏聚力 σ_c 的大小与水的黏性和裂纹间相互滑移速度成正比[24]。因此,动力荷载下裂纹表面作用的等效剪应力为

$$\tau_n^{\mathrm{e}} = (\sin\theta\cos\theta - \mu\sin^2\theta)\sigma_1 - \sigma_c \tag{3.44}$$

在动力压缩荷载下,等效裂纹上作用的劈拉力可以表示为

$$F^{\mathrm{d}} = a_k(\sin\theta\cos\theta - \mu\sin^2\theta)\dot{\sigma}(t - B) \tag{3.45}$$

式中,F^{d} 可以看作 B 时刻作用的线性增加荷载;B 是待定常数。

因此,考虑孔隙水的 Stefan 效应,动力压缩荷载下,作用在裂纹面上驱动裂纹扩展的动力减小,因此在动力荷载下达到同样的裂纹扩展失稳条件所需荷载更高,客观表现为混凝土在动力压缩荷载下强度增加。

2. 考虑孔隙压力的动力压缩荷载下混凝土的强度变化机理

受压时,饱和混凝土中的孔隙水压力主要与混凝土的体积变形和裂纹的扩展速度有关。当混凝土的体积变形处在压缩状态时,混凝土中孔隙水压力随着外部荷载的增长而逐渐增加,且增量为正;随着损伤的发展,混凝土体积发生膨胀,混凝土中的孔隙水压力有所减小,增量为负。文献[25]的研究表明:当饱和混凝土的体积变形处于压缩状态时,孔隙水压力逐渐增长且与外部压力和变形呈线性关系。在研究混凝土的静力特性时,通常加载速度较慢,裂纹中自由水的水端很容易到达缝端,裂纹中自由水的分布如图 3.15 所示,孔隙水对混凝土的开裂起促进作用。根据上述特点,饱和混凝土中的孔隙水分布满足如图 3.15 所示的关系。

快速加载时,由于裂纹的扩展速度较快,裂缝中的自由水不容易达到缝端,如图 3.16 所示。

在表面张力作用下,裂缝端自由水会形成一个弯液面,根据表面物理学,弯液

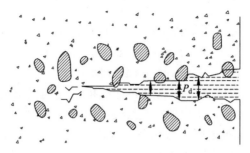

图 3.15   静力压缩荷载下裂纹中自由水的分布

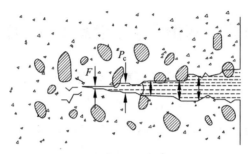

图 3.16   快速加载时裂纹中自由水的分布

面会产生应力 P_c,P_c 的存在相当于对缝端作用了一种有益力,阻碍了裂纹的扩展。根据物理学原理[11],图 3.16 中 P_c 对裂缝端产生的有益合力为

$$F = \frac{2\psi\gamma\cos\alpha}{h^2} \tag{3.46}$$

式中,ψ 为液体的体积;α 为湿润角;$h = 2\rho\cos\theta$,ρ 为自由水弯液面的曲率半径。因此在动力荷载下,除了黏聚力的影响外,由于裂纹内部的自由水分来不及扩展填充到裂纹尖端,名义上裂纹尖端产生了有益的合力,在宏观上表现为混凝土在动力压缩荷载下强度增加。

3.2.3   单轴动力压缩荷载下混凝土的强度计算分析模型

1. 考虑 Stefan 效应的单轴动力压缩荷载下混凝土的强度分析模型

由于混凝土的脆性破坏总是从局部微裂纹的失稳扩展开始的,因此某裂纹附近的微裂纹对其影响是最主要的,而其他较远的微裂纹影响可以忽略不计。因此为简化起见,在本节中计算裂纹相互作用时只考虑两个裂纹所构成的代表体元,而忽略其他裂纹的影响,如图 3.17 所示。事实上,忽略其他微裂纹,仅考虑两个裂纹相互作用的影响,其误差是可以忽略的。

如图 3.17 所示,裂纹的原始长度分别为 a_k 和 b_k,弯折裂纹的等效长度分别

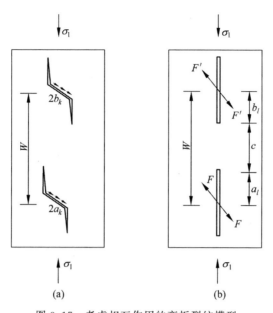

图 3.17　考虑相互作用的弯折裂纹模型

(a) 考虑两个间距为 W 的弯折裂纹；(b) 对应的等效裂纹

为 a_l 和 b_l，裂纹中心间距为 W，裂缝端间距为 c。裂纹相互作用对裂纹 1 和裂纹 2 应力强度因子的影响可以通过 Kachanov 方法[26]求得。采用 Kachanov 方法[26] 计算代表体元内微裂纹的直接相互作用。如图 3.18 所示，假设两个裂纹沿轴 x 分布，它们的长度分别为 $2a$ 和 $2b$，间距为 $2c$。

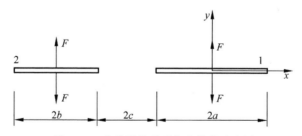

图 3.18　共线裂纹承受集中荷载示意图

裂纹表面的等效力为

$$p_1(x) = F\delta(x) + p'(x) \tag{3.47}$$

$$p_2(x) = F'\delta(x + a + b + c) + p''(x) \tag{3.48}$$

式中，p 为伪面力。在整个裂纹面上积分，可以求得平均伪面力为

$$\langle p_1 \rangle = \frac{F/a + \Lambda_{21}F'/b}{1 - \Lambda_{12}\Lambda_{21}} \tag{3.49}$$

式中，Λ_{ij} 是 Kachanov 传递系数：

$$\Lambda_{21} = \frac{1}{a}\left[\sqrt{(b+c)(a+b+c)} - \sqrt{c(a+c)}\right] \tag{3.50}$$

在求出裂纹表面的平均伪面力后，可以得到裂纹尖端的应力强度因子：

$$K_{\mathrm{I}} = \frac{1}{\sqrt{\pi a}}\int_{a}^{-a}\sqrt{\frac{a+\xi}{a-\xi}}p(\xi)\mathrm{d}\xi \tag{3.51}$$

所以相互作用系数为

$$I = 1 + \frac{1}{a}\frac{1+\Lambda_{21}}{1-\Lambda_{12}\Lambda_{21}}\int_{a}^{-a}\sqrt{\frac{a+\xi}{a-\xi}}\left[\frac{\xi+a+b+2c}{\sqrt{(\xi+a+b+2c)^2-b^2}}-1\right]\mathrm{d}\xi$$
$$\tag{3.52}$$

在考虑裂纹相互作用的影响后，由式(3.52)知，裂纹 1 和裂纹 2 应力强度因子可以表示为

$$K_{\mathrm{I}1} = I(c)\frac{\sigma_1 T(\theta)a_k}{\sqrt{\pi a_l}} \tag{3.53}$$

$$K_{\mathrm{I}2} = I'(c)\frac{\sigma_1 T(\theta)ka_k}{\sqrt{\pi b_l}} \tag{3.54}$$

式中，$k = b_k/a_k$ 表示初始裂纹长度的比值；$I(c)$，$I'(c)$ 分别为考虑裂纹相互作用后裂纹 1 和裂纹 2 的应力强度因子集中系数。

式(3.53)和式(3.54)中，

$$T(\theta) = 2\sin^2\theta(\cos\theta - \mu\sin\theta) \tag{3.55}$$

可以求得不同裂纹长度比值 k 下裂纹相互作用系数 $I(c)$ 与裂纹间距的关系，如图 3.19 所示。可以看出，裂纹间距越小，应力强度因子越大。初始裂纹长度比值 k 的增加也会使裂纹尖端的应力强度因子增大，但影响不大。

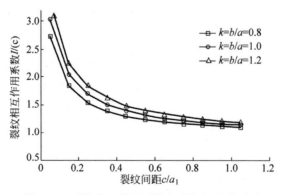

图 3.19　裂纹相互作用系数与裂纹间距关系图

根据上述分析，本节中计算裂纹发生失稳扩展所对应的应力来确定混凝土材料的静力抗压强度。式(3.54)中 $T(\theta)$ 的最大值在满足式(3.56)时取得：

$$\theta_0 = \arcsin\left(\frac{\sqrt{\mu^2 + 8/9} + \mu/3}{\sqrt{1 + \mu^2}}\right)\Big/ 2 \tag{3.56}$$

在裂纹的弯折扩展过程中,其长度和间距满足

$$W = a_l + b_l + c \tag{3.57}$$

因此,等效弯折裂纹的长度为

$$a_l = \frac{W - c}{1 + \left[\dfrac{kI(c)}{I'(c)}\right]^2} \tag{3.58}$$

联立式(3.53),式(3.54)和式(3.58),可以将裂纹尖端的应力强度因子表示为

$$K_{\mathrm{I}} = \sigma_1 M(c) T(\theta)\sqrt{a_k/\pi} \tag{3.59}$$

式中,

$$M(c) = \frac{I(c)}{I'(c)}\sqrt{\frac{a_k\{[I'(c)]^2 + k^2 I^2(c)\}}{W - c}} \tag{3.60}$$

图 3.20 给出了在不同裂纹长度比值情况下,名义应力强度因子 $M(c)$ 和裂纹间距的关系。可以看出,当裂纹开始扩展并发生弯折时,应力强度因子随着裂纹扩展会减小;当裂纹扩展到一定阶段,裂纹间距减小到一定程度,裂纹间的相互作用越来越明显,裂纹尖端的应力强度因子随裂纹间距减小而迅速增加。

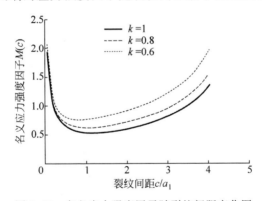

图 3.20 名义应力强度因子随裂纹间距变化图

我们把混凝土的强度定义为模型中代表体单元所能承受的最大荷载。因此可以认为裂纹扩展过程中,当应力强度因子随裂纹间距变化取得最小值时($\partial K_{\mathrm{I}}/\partial a_l = 0$),所对应的应力即为混凝土的抗压强度。在此之前,$\partial K_{\mathrm{I}}/\partial a_l < 0$,裂纹扩展是一个稳定的过程;在此之后,$\partial K_{\mathrm{I}}/\partial a_l > 0$,裂纹发生失稳扩展并导致混凝土的破坏。

混凝土中的微裂纹主要分布在骨料和水泥砂浆的界面上,可以假设微裂纹的分布是完全随机的。因此,具有最大长度并且角度为 θ_0,使得劈拉力最大的裂纹最容易开裂。根据上述分析,混凝土的抗压强度可以由式(3.61)得到:

$$K_{I\ min}(c) = M_{min}(c)\sigma_c T(\theta_0)\sqrt{a_k/\pi} = K_{IC} \tag{3.61}$$

$$\sigma_c = \frac{K_{IC}}{M_{min}(c)T(\theta_0)\sqrt{a_k/\pi}} \tag{3.62}$$

文献[20]中提及摩擦系数 μ 在 0.4 和 0.6 之间；裂纹长度比值 k 的影响很小；模型中计算出的混凝土强度值与 a_k/W 关系密切，由于混凝土的单轴抗压强度和抗拉强度之比大约为 10，因此计算中取 $a_k/W = 0.15$。在下面的单轴动力下混凝土抗压强度分析中，参数取值为 $k=1,\mu=0.5,a_k/W = 0.15$。

在混凝土单轴静力抗压强度的基础上，考虑自由水的黏性和惯性来计算单轴动力荷载下混凝土抗压强度。根据断裂动力学，当裂纹的扩展速度为 $\dot{a}_l$ 时，t 时刻裂纹的 I 型应力强度因子可以表示为

$$K_I^d(a_l,t,\dot{a}_l) = k(\dot{a}_l)K_I(a_l,t,0) \tag{3.63}$$

式中，$K_I(a_l,t,0)$ 为裂纹长度一直为 a_l 时，裂纹尖端的动态应力强度因子；函数 $k(\dot{a}_l)$ 表示裂纹扩展速度对裂纹尖端应力强度因子的影响[12]：

$$k(\dot{a}_l) = \frac{1-\dot{a}_l/C_R}{1-0.5\dot{a}_l/C_R} \tag{3.64}$$

式中，C_R 是瑞利(Rayleigh)波速，可以由混凝土材料的基本参数(弹性模量 E、密度 ρ_0 和泊松比 ν)得到：

$$C_R = \frac{0.862+1.14\nu}{1+\nu}\sqrt{\frac{E}{2(1+\nu)\rho_0}} \tag{3.65}$$

对于普通混凝土，$E=2.7\times10^4 \text{MPa},\rho_0=23000\text{kN/m}^3,\nu=0.167$，因此可以求得 $C_R\approx3000\text{m/s}$。裂纹扩展速率 $\dot{a}_l$ 可以通过式(3.58)估算得到，当应变率 $\dot{\varepsilon}<10^4\text{s}^{-1}$ 时，裂纹稳定扩展速率 $\dot{a}_l<10^{-2}\text{m/s}$，因此 $k(\dot{a}_l)\approx1$。当应变率不是很高的时候($\dot{\varepsilon}<10^4\text{s}^{-1}$)，裂纹扩展速率对动态应力强度因子的影响可以忽略不计，这个结果与参考文献[25],[26]吻合。

因此，可以只考虑自由水分的黏聚力和动力荷载的惯性影响，而忽略裂纹快速扩展的影响。由式(3.61)和式(3.63)知，裂纹尖端的动态应力强度因子可以表示为[27]

$$K_I^d(a_l,t,\dot{a}_l) = f[c_2(t-B)/a_l]I(W-2a_l)\frac{\sigma_1 T(\theta)a_k}{\sqrt{\pi a_l}} \tag{3.66}$$

式中，c_2 是材料的剪切波速；$f[c_2(t-B)/a_l]$ 为 t 时刻考虑水的黏滞性后承受线性增加荷载的裂纹尖端的名义动态应力强度因子。

仍然假设混凝土的实际(微观)断裂韧度并不随着应变率的变化而变化。比较式(3.66)和式(3.63)可得，动力荷载下混凝土的强度增强系数可以表示为

$$D = \frac{N_{min}(a_l)}{\{N(a_l^d)f[c_2(t-B)/a_l^d]\}_{min}} \tag{3.67}$$

式中，N 是与 M 数值相同的函数，但以 a_l 为自变量。

在线性增加荷载下，$\dot{\sigma}$ 为常数，因此起裂时间可以表示为

$$t = \frac{D\sigma_c}{\dot{\sigma}} \tag{3.68}$$

式中，σ_c 是混凝土的单轴静力抗压强度。联立式(3.67)和式(3.68)，迭代即可求得单轴动力荷载下混凝土的抗压强度增强系数。计算流程如下：

(1) 在一定加载速率下，假定初始强度增强系数 $D_0 = 1$，代入式(3.68)求得破坏时间 t。

(2) 将步骤(1)中所求得的破坏时间 t 代入式(3.67)，计算不同等效弯折裂纹长度 a_l^d 下函数 $N(a_l^d)f[c_2(t-B)/a_l^d]$ 的最小值，进而求出 D_1 以及对应的 a_l^d 和 $N(a_l^d)$。

(3) 计算 $T^1 = (D_1 - D_0)/D_0$，如果 $T^1 < 0.001$，则停止迭代；否则将 D_1 代入式(3.68)并重复步骤(1)和步骤(2)，直至 $T^n = (D_n - D_{n-1})/D_{n-1} < 0.001$。这时所求得的 D_n 即为单轴动力荷载下混凝土的抗压强度增强系数，所对应的 a_l^d 和 $N(a_l^d)$ 即为混凝土破坏时等效弯折裂纹的长度和名义强度因子。

在前面的理论分析基础上，分析在较低和中等加载速率下应变率对混凝土单轴抗压强度的影响，材料参数取值为：$a_k = 4.9\text{mm}$，$c_2 = 500\text{m/s}$，$\sigma_c = 30\text{MPa}$，$E = 2.7 \times 10^4 \text{MPa}$，式(3.66)中的 $B = 3.9 \times 10^{-3}\text{s}$。在给定的参数取值下，按照上文的迭代流程可以计算出混凝土破坏时弯折等效裂纹的长度 a_l^d、名义强度因子 $N(a_l^d)$ 以及动力荷载下的抗压强度增强系数与应变率的关系，结果如图 3.21 和图 3.22 所示。

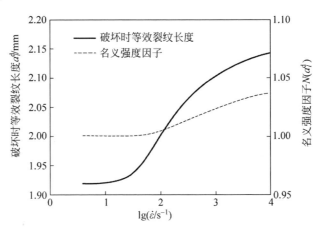

图 3.21 破坏时等效裂纹长度和名义强度因子与应变率关系图

图 3.21 为混凝土破坏时弯折等效裂纹长度 a_l^d 以及名义强度因子 $N(a_l^d)$ 与应变率的关系，为便于比较，图中裂纹长度和名义强度因子都是与静力荷载下的比值。可以看出，当应变率较低时，荷载的惯性影响很小，混凝土破坏时的弯折等效

裂纹长度基本不随应变率的变化而改变,与静力荷载时基本相等。当应变率为 $1 \sim 10 s^{-1}$ 时,混凝土破坏时的弯折等效裂纹长度随着应变率的增加而增大,而且混凝土的强度也随之增大。由于破坏时的弯折等效裂纹长度的增加,裂纹间距减小,混凝土达到强度之后的破坏过程在较高加载速率下显得更加突然,其脆性更为明显。

　　图 3.22 为本章模型的计算结果与单轴动力荷载下混凝土抗压强度试验值[18]的对比。可以看出,本章的结果能较好地反映单轴动力荷载下混凝土抗压强度与应变率的关系。

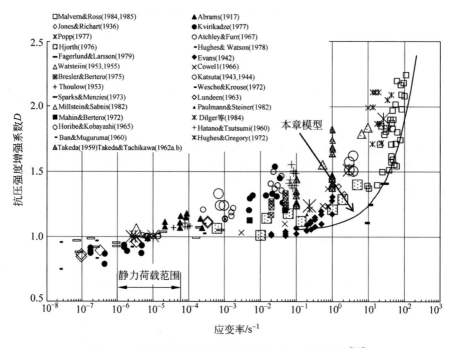

图 3.22　混凝土抗压强度增强系数与应变率关系图[18]

　　同时,由式(3.67)可以看出,动力荷载惯性作用对混凝土在动力荷载下的强度的影响直接与混凝土的破坏时间相关,破坏时间越短,惯性的影响越大。对于普通混凝土,混凝土单轴受压破坏时的应变大约为 $1500 \mu \varepsilon$,是混凝土单轴受拉破坏时应变的 10 倍左右(约 $150 \mu \varepsilon$)。也就是说,在相同加载速率情况下,混凝土受压时破坏时间比混凝土受拉时的破坏时间要长得多,因此惯性的影响也小得多。这就解释了为什么在较高加载速率情况下,混凝土抗拉强度增强系数比混凝土抗压强度增强系数要大得多。

2. 考虑孔隙水演化的单轴动力压缩荷载下混凝土强度分析模型

　　如图 3.16 所示,由在动力荷载下,混凝土内的孔隙水来不及到达裂缝尖端,因此材料达到同样的破坏准则所需的外荷载更大,基于此可以建立考虑孔隙水演化的单轴动力压缩荷载下混凝土强度分析模型。与混凝土受拉不同,混凝土受压时裂纹的开展速度相对受拉时较慢,对于翼型裂纹的分支部分,裂纹面的相对张开速度更加缓慢,所以在动力压缩荷载下的混凝土强度讨论中不再考虑裂纹中自由水的 Stefan 效应。

由自由水弯液面引起的有益应力为

$$\sigma_d = \frac{F_{21}}{A} \tag{3.69}$$

在动力荷载下,裂纹的应力强度因子为

$$K_{Id} = k(V)K_I \tag{3.70}$$

式中,$k(V)$ 为裂纹扩展速度对应力强度因子的影响,根据 Freund[13] 的研究可以按如下规则取值,拉伸裂纹承受中心劈裂荷载时:

$$k_1(V) = \frac{1 - V/V_R}{1 - 0.75V/V_R} \tag{3.71}$$

$$V = \frac{\mathrm{d}l}{\mathrm{d}t} = \frac{w}{t_f - t_i} \tag{3.72}$$

式中,l 为分支裂纹的长度;t_i 为混凝土裂纹起裂时刻;t_f 为混凝土破坏时刻。

当拉伸裂纹承受侧向荷载时:

$$k_2(V) = \frac{1 - V/V_R}{1 - 0.5V/V_R} \tag{3.73}$$

式中,V_R 为瑞利波速,可由混凝土材料的弹性模量 E、泊松比 ν 及混凝土的密度 ρ_m 得到:

$$V_R = \frac{0.862 + 1.14\nu}{1 + \nu} \sqrt{\frac{E}{2(1+\nu)\rho_m}} \tag{3.74}$$

对于普通混凝土材料,$E \approx 30\mathrm{GPa}$,$\rho_m \approx 2400\mathrm{kg/m}^3$,$\nu \approx 0.167$,则混凝土的 $V_R \approx 3000\mathrm{m/s}$。

动力荷载下,饱和混凝土中的裂纹构型及受力模式如图 3.23 所示。考虑孔隙中自由水的有益作用及裂纹之间的相互影响,动力压缩荷载下裂纹尖端的应力强度因子为

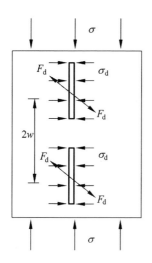

图 3.23　饱和混凝土裂纹构型
及受力模式

$$K_{Id} = k_1(V) \frac{F_d \cos\beta}{\sqrt{w \sin\frac{\pi l}{w}}} - k_2(V)\sigma_d \sqrt{2w \tan\frac{\pi l}{2w}} \tag{3.75}$$

式中，$F_d = 2c\tau_{eff}^d$，$\tau_{eff}^d = \sigma \sin\beta \cos\beta - \mu \cos^2\beta \sigma - f_1\dot{\sigma}$，其中 $f_1\dot{\sigma}$ 为考虑斜裂纹发生快速滑移时，由于水的黏性所产生的黏滞阻力，根据流体力学可得：

$$f_1\dot{\sigma} = \mu \frac{du}{dy} \tag{3.76}$$

设

$$f_1\dot{\sigma} = B_1\sigma \tag{3.77}$$

由式(3.77)可以看出，要得到 B_1 的准确解析解较难，但是可以通过试验分析获得。动力单轴压缩荷载下，裂纹的开裂准则为

$$K_{Id} = K_{IC}^d \tag{3.78}$$

由式(3.74)、式(3.77)及式(3.80)可以求得混凝土裂纹的开裂速度 dl/dt 与加载速率的关系，从而推求出裂纹导致的混凝土的损伤与加载速率的关系。

普通混凝土的峰值应变为 $2000 \sim 3000\mu\varepsilon$，设初始微裂纹的间距为 1.2cm，当应变率为 $10^{-4}s^{-1}$、$10^{-2}s^{-1}$ 及 $1s^{-1}$，根据式(3.74)的计算可得裂纹的开展速度最大不超过 $2 \sim 3$m/s，与混凝土的瑞利波速 $V_R \approx 3000$m/s 相比是个很小的量，因此当应变率小于 $1s^{-1}$ 时裂纹开展速度对混凝土强度的影响可以忽略不计。因此当应变率在中低速加载范围内时，饱和混凝土裂纹尖端的应力强度因子为

$$K_{Id} = \frac{F_d\cos\beta}{\sqrt{w\sin\frac{\pi l}{w}}} - \sigma_d\sqrt{2w\tan\frac{\pi l}{2w}} \tag{3.79}$$

式中各符号的含义同上。当 $\sigma \sin\beta \cos^2\beta - \mu\cos^3\beta\sigma - f_1\dot{\sigma}\cos\beta$ 取得最大值时，可以求得不同加载速率下最易开裂初始斜裂纹的角度 β_0，具体求法同上。假设细观层次上混凝土的实际断裂韧度不随加载速率的变化而变化[4-7]。由式(3.79)及 $l = w - 2c\sin\beta_0$ 就可以求得动力荷载下混凝土的抗压强度 σ_{cd} 为

$$\sigma_{cd} = \frac{K_{IC}^d + \sigma_d\sqrt{2w\cot\frac{\pi c\sin\beta_0}{w}}}{2cD(\beta_0)}\sqrt{w\sin\frac{2\pi c\sin\beta_0}{w}} \tag{3.80}$$

式中，

$$D(\beta_0) = \cos\beta_0(\sin\beta_0\cos\beta_0 - \mu\cos^2\beta_0 - B_1)$$

由式(3.80)可以看出：动力荷载下裂纹尖端的应力强度因子比静力荷载下的小，在相同的断裂韧度下，动力荷载下混凝土的抗压强度大于其静力抗压强度。

设混凝土 $K_{IC} = 0.877$MN/m$^{3/2}$；微裂纹的统计半径 $c = 6$mm；混凝土裂纹间的摩擦系数为 0.35。计算取 $a_1 = a_2 = 0.002$；$B_1 = 0.003$；混凝土发生断裂时 $w = hc$。根据本章模型可以得到如图 3.24 所示的静、动力荷载下饱和与干燥混凝土在不同 h 值时的抗压强度值。

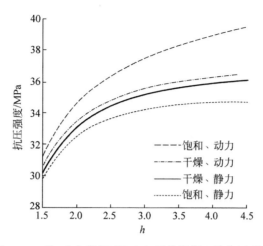

图 3.24   静、动力荷载下饱和与干燥混凝土的抗压强度

由图 3.24 可以看出,饱和混凝土裂纹中自由水的黏性作用大大提高了动力荷载下混凝土的强度。受压状态下,饱和混凝土裂纹中的水压力不仅与混凝土的体积压缩变形有关,还与混凝土裂纹的开展速度有关。在慢速加载情况下,混凝土裂纹中的自由水受体积压缩变形的影响,对裂纹面的作用类似于"楔体"的楔入,此时由于裂纹的开展速度很慢,自由水的水端很容易推到裂缝的缝端,对裂纹施加了一种劈拉应力,促进了裂纹的扩展和混凝土损伤的加大,致使此种加载条件下,混凝土的强度有所降低。快速加载时,自由水对混凝土裂纹的作用主要有以下两种:①当裂纹的开展速度很快,水端不容易达到混凝土裂缝的缝端时,自由水弯液面对裂纹尖端产生一种有益的阻力,阻碍了裂纹的开展;②根据微观流体力学,在快速加载时,斜裂纹面上自由水的黏性作用会产生一种黏聚力,减小了导致裂纹开展的作用力,使得此时裂纹的应力强度因子减小。综合以上两点,快速加载时混凝土的强度较干燥的混凝土有较大的提高。

3.3   混凝土动力多轴强度模型

3.3.1   动力荷载下的混凝土双轴强度准则

迄今为止,混凝土在双轴应力状态下的动态特性研究还比较少,且所得试验结果离散性大,只获得了一些定性规律。将文献中试验研究的混凝土双轴强度结果汇集在同一图中,如图 3.25 所示。图中,混凝土的双轴强度以相对值 σ_1/f_c'、σ_2/f_c' 或 σ_3/f_c' 给出。因为各研究所用的加载设备和试验方法不一,所用混凝土试件的强度等级、形状和尺寸差别很大,以致所给出的混凝土双轴强度试验数具有很大的离散性。

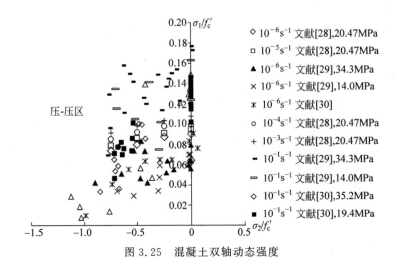

图 3.25　混凝土双轴动态强度

由图 3.25 可以看出,压-压区的混凝土强度在同一加载速率下随着侧压或应力比的增大,先增大后减小。闫东明[28]的强度试验结果随应变率的增大强度增强比例比吕培印[29]的更明显,可能的原因是所用的混凝土强度较低,在较低侧压力水平时强度增强效应更明显。闫东明[28]的数据表明,在相同的应变率下,双轴比例加载和定侧压加载所得的强度基本在相同的曲线上,由此可以近似认为双轴抗压强度包络线与加载方式无关,只与破坏时的应力状态相关,这也为建立一致的强度准则提供了依据。另外,不同侧压或比例下的强度随应变率的增长并不与单轴动态压缩强度增长相等的,特别是等压双轴时的强度增长比单轴的大。混凝土双轴受力的拉-压区放大,如图 3.26 所示。从不同研究者的结果对比中可以发现,除了 Zielinski[30]的结果基本不随侧压变化外,利用相同方法试验的 Weerheijm[31]和其他研究者的结果都反映出强度随侧压的增大而减小的规律。所有进行的静态单轴抗拉强度在 $0.08f_c'$ 左右,动态强度范围为 $0.10\sim0.15f_c'$。吕培印[29]和 Malkar等[32]的试验混凝土强度接近,最大加载速率接近,在侧压下的强度也较为接近。Weerheijm[31]与 Zielinski[30]的试验方法和混凝土强度相近,但结果相差较大。不管这些结果的离散性如何,它们反映了比较一致的现象:动态双轴强度具有率效应,且随着应变率的增大而增大;随着侧向压力的增大,轴向抗拉强度有减小的趋势,并且是非线性的。

在试验结果的基础上,闫东明[28]、吕培印[29]提出了形式相同的双轴强度经验预测公式,但这种公式的参数须直接由动力荷载下的双轴试验数据拟合得到。因为试验难度较大,该公式较难直接应用于混凝土动力荷载下的双轴强度预测分析。此外,现有的研究者们只对自己的数据进行拟合分析,都未能获得双轴强度在完整应力组合下的包络线。因此,研究混凝土在双轴应力状态下,在动力荷载下的性能,从而得到便于应用的较为全面的强度准则,具有重要的实际意义。

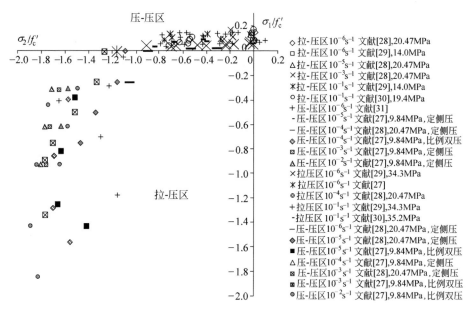

图 3.26 动力荷载下的混凝土双轴动态拉压强度

本节在总结前人工作的基础上,分析混凝土在双轴动力荷载下强度的特性,提出和验证动力荷载下的单轴抗拉、抗压强度和双轴强度公式,推导动力荷载下双轴破坏强度准则,建立完整的双轴强度包络线。需要说明的是,本节研究的应变率范围为 $10^{-6} \sim 1\mathrm{s}^{-1}$,动态情况主要考虑地震范围应变率($10^{-3} \sim 10^{-2}\,\mathrm{s}^{-1}$)。

1. 动力荷载下的双轴拉压强度预测

由于混凝土在动力荷载下的双轴试验难度较大,现有的试验结果很少。如果能从现有的大量动力荷载下的单轴压缩和拉伸试验(或劈拉)结果推导出合理的双轴强度,则可节约大量的人力、物力。大量的试验证明,拉伸和压缩强度的应变率效应并不相等,并且双轴情况下,侧压力对其也有影响[27,30]。

在静态情况下,混凝土的双轴强度准则研究较多,已编入各国的规范。其中,CEB 模式规范采用 Kupfer-Gerstle 准则[33]给出的双轴强度如下:

在双轴压-压区($\sigma_1=0, \xi=\sigma_2/\sigma_3>0$)和拉-压区($\sigma_2=0, \xi=\sigma_1/\sigma_3<0$):

当 $\sigma_3 < -0.96f_c'$ 时,

$$\sigma_3 = -\frac{1+3.65\xi}{(1+\xi)^2}f_c' \tag{3.81}$$

当 $\sigma_3 \geq -0.96f_c'$ 时,

$$\sigma_1 = \left(1 + 0.8\frac{\sigma_3}{f_c'}\right)f_t \tag{3.82}$$

双轴等压强度($\xi=1$)为 $\sigma_3=\sigma_2=-1.1625f_c'$;当 $\sigma_3=-0.96f_c'$ 时,$\sigma_1=$

$0.232f_t$。

在双轴拉-拉区($\sigma_3=0$，$\xi=\sigma_2/\sigma_1>0$)：

$$\sigma_1 = f_t \tag{3.83}$$

式中，σ_1，σ_2，σ_3 分别为混凝土破坏时的最大主应力、中间主应力和最小主应力；f'_c，f_t 分别为混凝土单轴抗压强度和抗拉强度。

静力情况下，丰富的试验结果为该准则的建立奠定了良好的基础，特别是拉-压区转折点的确定，极具经验性。在动力加载情况下，因为加载速率对混凝土拉、压强度影响程度不同，混凝土在双轴应力状态下的强度包络线并不是平行的，因此在数据缺乏的情况下，混凝土双轴拉-压区的强度转折点很难确定，导致 Kupfer 准则[33]在拉-压区的关系很难直接扩展至动态加载情况。根据徐积善的建议[34]，可采用一条最优拟合曲线表示混凝土的拉压强度关系，因此本章建议采用抛物线形式的曲线来拟合拉-压区的强度包络线，表达式如下：

$$\frac{\sigma_1}{f'_c} = C\left(1 + \frac{\sigma_3/f'_c}{D}\right)^t \tag{3.84}$$

在该方程应该通过以下几个特征点：

(1) 静、动力荷载下的单轴抗压强度。在某一应变率时，该方程能够通过单轴压缩点，此时有

$$\frac{\sigma_3}{f'_c} + D = 0 \tag{3.85}$$

即

$$D = -\frac{\sigma_3}{f'_c} = \psi_c^d \tag{3.86}$$

(2) 静、动力荷载下的单轴抗拉强度。此时有

$$\frac{\sigma_1}{f'_c} = C = \frac{\sigma_1}{f_t}\frac{f_t}{f'_c} = \psi_t^d K \tag{3.87}$$

式中，$K = f_t/f'_c$ 表示混凝土的静态单轴拉压强度比。由此可确定方程的参数 C 和 D，可以看出，它们都具有明确的物理意义。参数 t 可由试验数据拟合得到，当缺乏数据时，可近似由静态数据拟合得到。

将模型预测结果与 Kupfer 等[33]的试验数据和 CEB 模式规范的经验公式绘于图 3.27 中。在 Kupfer 等的数据中，$f'_c=31.1\text{MPa}$，$K=0.08$。从图中可以看出，在静态情况下，本章模型的预测与 Kupfer 等的试验数据吻合很好，并且在整个拉-压区光滑变化。随着应变率的增大，预测的强度包络线增大。抗拉强度随着侧压力的增大而减小。将已有的动态试验数据与预测结果进行比较，如图 3.28 所示。由图 3.28 可以看出，由于试验混凝土材料的差异，动态试验数据的离散性很大，所以根据 Kupfer 等的试验结果确定的预测结果只显示了一定的范围。动力荷载下的单轴抗压、抗拉强度以及模型中的参数差异较大，如果条件允许，最好根据

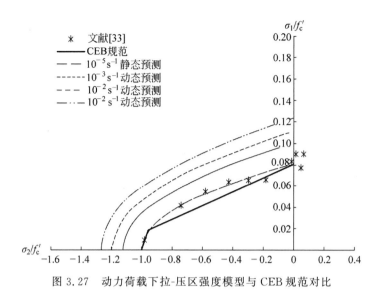

图 3.27 动力荷载下拉-压区强度模型与 CEB 规范对比

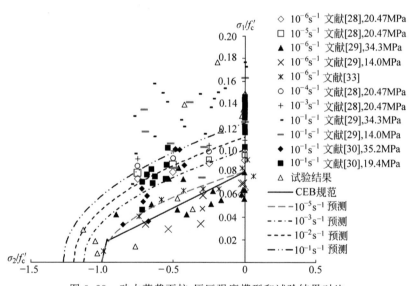

图 3.28 动力荷载下拉-压区强度模型和试验结果对比

实际试验结果进行参数确定和预测。

根据吕培印[29]进行的不同侧压力水平的混凝土立方试件的静力劈拉试验和动力单轴压缩试验,预测得到的动力荷载下混凝土的拉-压区强度如图 3.29 所示。可以看出,预测结果与试验结果吻合很好。

2. 动态双轴抗压强度预测

混凝土双轴动态抗压强度的试验结果[7]表明,当初始压力水平较低,混凝土的

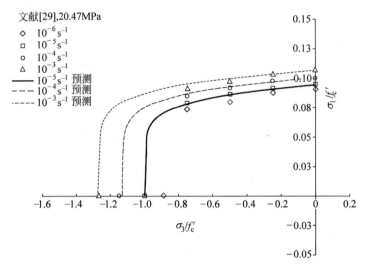

图 3.29 预测结果与试验结果对比

动态强度只与破坏时的应力状态有关,与应力路径无关,这点与静态情况[35]类似。在 Kupfer-Gerstle 经验公式[33]的基础上,混凝土的动态双轴强度准则可用如下表达式表述:

$$\frac{\sigma_3}{f'_c} = -\frac{A + B\xi}{(1+\xi)^2} \tag{3.88}$$

式中,$\xi = \sigma_2/\sigma_3$ 为应力比;A、B 为具有特定物理意义的参数,由以下几种情况确定。

(1) 静、动力荷载下单轴抗压强度。此时 $\xi = 0$,式(3.88)变为 $\sigma_3/f'_c = -A$,即有

$$A = \psi_c^d \tag{3.89}$$

(2) 静、动力荷载下双轴等压强度。此时 $\xi = 1$,可得

$$-\frac{\sigma_3}{f'_c} = \frac{f_{cc}^d}{f'_c} = \psi_{cc}^d \frac{f_{cc}}{f'_c} = \frac{A+B}{4} \tag{3.90}$$

即有

$$B = 4\psi_{cc}^d \frac{f_{cc}}{f'_c} - A \tag{3.91}$$

式中,$\psi_{cc}^d = f_{cc}^d/f_{cc}$ 为双轴等压动力强度增强因子,可根据双轴等压动态试验得到。假设 ψ_{cc}^d 与应变率的关系为

$$\psi_{cc}^d = \frac{f_{cc}^d}{f_{cc}} = \left(\frac{\dot{\varepsilon}}{\dot{\varepsilon}_s}\right)^\zeta, \quad \dot{\varepsilon} \leqslant 1\,\mathrm{s}^{-1} \tag{3.92}$$

类似 CEB 动力荷载下的单轴抗压强度与应变率关系式,确定参数为

$$\zeta = \frac{1}{1 + df'_c/f'_{co}} \tag{3.93}$$

因为在高应变率条件下的双轴等压试验数据缺乏,故假设在应变率小于 $1\,\mathrm{s}^{-1}$

时满足式(3.93),更高应变率下的关系式有待进一步试验数据的验证。根据闫东明[28]的双轴等压数据,确定参数 $d=26.5$。由此得到的双轴等压动力强度增强因子与中低应变率的关系如图 3.30 所示,图中还绘出了混凝土强度为 30MPa 和 70MPa 的相应关系。与单轴动态抗压强度相比,双轴等压强度的应变率敏感性较大,这反映了双轴强度不能直接由动力荷载下的单轴抗压或抗拉强度规律直接得到的结论,再一次否定了 Zielinski[30] 的结论。因为闫东明[28] 的试验中混凝土强度较低,得到的应变率效应可能偏大,直接用于较高强度的混凝土时需谨慎取值。

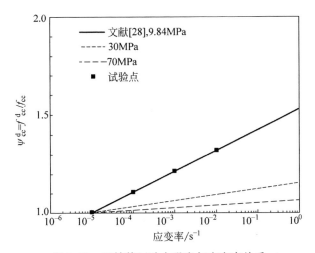

图 3.30　双轴等压动力强度与应变率关系

　　利用上述模型对闫东明[28] 的试验结果进行预测并与试验结果比较,如图 3.31 所示。单轴压缩情况下,由试验数据确定参数 $a=30.4$,静态等压双轴强度取为 $f_{cc}=-1.4228f_c'$。图 3.31 中的曲线为根据动态单轴抗压强度和动态双轴等压强度得到的预测结果。与试验结果对比可以看出,较低应变率下的预测值比试验值小,在较高应变率时吻合较好。这说明由单轴抗压和双轴等压结果来预测和估算双轴强度是可行的,在定量上也是可接受的。需要说明的是,因为动力荷载下试验数据的离散性大,特别是双轴等压强度的试验结果很少,且双轴等压强度直接影响预测结果,取值时应谨慎。从安全角度考虑,应避免取值过大造成预测结果偏高。

　　在具有双轴动态强度数据的基础上,可直接采用式(3.88)的模型进行拟合,得到经验性参数,然后进行预测。拟合得到的参数为 $a=29.4,b=50.5,R^2=0.981$。这时的参数只适用于同一种混凝土的动强度预测。闫东明[28] 和吕培印[29] 提出了相同的动力荷载下的混凝土双轴抗压强度准则:

$$-\frac{\sigma_3}{f_c'}=p_1+p_2\cdot\lg(\dot{\varepsilon}/\dot{\varepsilon}_s)+p_3\cdot\frac{1}{(1+\xi)^2}+p_4\cdot\frac{\xi}{(1+\xi)^2} \tag{3.94}$$

　　式(3.94)将应变率和侧压力对混凝土强度的影响分开考虑,不能反映侧压对应变率效应的影响。对闫东明[28] 的双轴比例加载和定侧压加载的动态强度数据

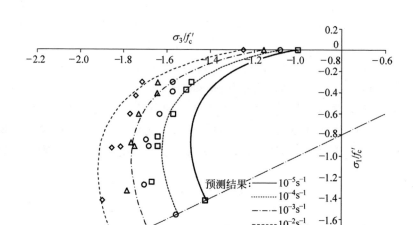

图 3.31　双轴抗压强度预测与试验结果对比

进行拟合,参数拟合结果为 $p_1 = -0.41548$, $p_2 = 0.08337$, $p_3 = 1.41742$, $p_4 = 6.30887 (R^2 = 0.980)$,并将拟合结果绘于图 3.32 中。图中也绘出了利用本章模型对其数据进行拟合的结果。本章的双轴抗压动态强度准则只有单轴抗压动态强度和双轴等压动态抗压强度表达式中的两个参数,拟合结果与闫东明[28]的拟合结果接近,都与试验结果吻合较好。另外,从两准则的拟合结果来看,拟合结果中的双轴等压动态抗压强度都比试验值稍大。

3. 动力荷载下的混凝土双轴强度包络线推荐公式

在缺乏试验数据的条件下,运用本章模型在现有规范的基础上可以对混凝土在动力荷载下的双轴强度进行估算。根据本章建立的动力荷载下混凝土动态单轴拉、压强度,双轴等压强度预测公式,可以建立双轴拉-压区和压-压区的强度包络线。根据试验结果,取双轴等压强度为单轴抗压强度的 1.2 倍[35],单轴抗拉强度取为单轴抗压强度的 0.1 倍。考虑到闫东明[28]所用的混凝土强度较低,试验结果中的双轴等压强度率效应比单轴率效应较大,对于普通混凝土应降低取值,故建议取 $d = 20$。因为至今未见双轴受拉动态试验结果,但根据静态试验结果和拉压试验结果,假设动力荷载下拉-拉区的强度与单轴抗拉强度相同。利用上述推荐值,计算得到强度 30MPa 的混凝土在静、动力荷载下的双轴强度包络线,如图 3.33 所示。图中试验数据说明同图 3.32。推荐值得到的双轴强度包络线在拉-压区所确定的范围基本和已有试验数据吻合,在压-压区基本与吕培印[29]的试验结果接近,因闫东明[28]的混凝土强度较低,结果相差较大。在拉-拉区只是一个近似假设,有待试验的进一步验证。

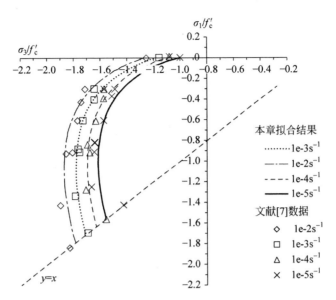

图 3.32 本章模型与已有试验结果对比

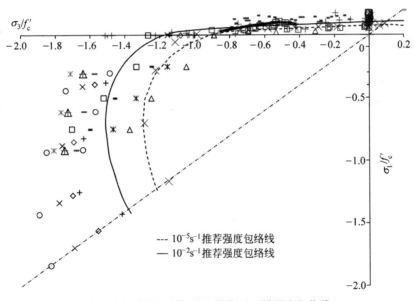

图 3.33 混凝土静、动力荷载下双轴强度包络线

本节建立了动力荷载下混凝土单轴抗压、抗拉强度与应变率的关系式,并根据已有试验结果,建立了类似的双轴等压强度变化关系式。根据动力荷载下混凝土单轴和双轴等压的强度发展规律,推导出完整的混凝土双轴强度包络线,与已有的试验结果吻合较好。其中,双轴强度包络线分压-压区、拉-压区和拉-拉区。拉-压区为光滑曲线,避免了许多规范中的分段表述带来的困难。本节提出的模型简单、

适用,在缺乏动力荷载下的混凝土双轴试验数据时,可作为预测公式使用;当有动力荷载下的试验数据时,也可以直接拟合得到准确结果。

3.3.2　动力荷载下的混凝土三轴强度准则

根据对大量混凝土多轴试验结果的分析,混凝土的破坏可以分为拉断破坏、柱状破坏、斜剪破坏和挤压流动。它们的破坏特征以及细观机理分别如下[35]。

(1) 拉断破坏:这类破坏主要是由于微裂纹受外部拉应力作用,发生 I 型断裂。

(2) 柱状破坏:这类破坏主要是由于微裂纹受外部压应力作用,发生 I 型断裂。

(3) 斜剪破坏:这类破坏只发生在三轴受压状态,且轴向围压较小时。这时候斜裂缝面没有间隙,但有一定的破裂宽度,并有剪切错动变形和压碾破碎的痕迹,与混凝土的受拉破坏裂缝完全不同。

(4) 挤压流动:这种破坏发生在三轴压缩并且围压较大的状态。这种状态下混凝土内的微裂纹受到围压的作用不能继续扩展,不会形成宏观裂缝。随着荷载的不断增大,混凝土在三轴压应力作用下发生了挤压流动和塑性变形,最后没有形成明显的集中破坏面。

混凝土试件发生不同的破坏形态主要取决于三向应力的比例,同时又影响混凝土的强度。各种形态的应力比例范围,可以通过大量的试验加以确定。图3.34为文献[36]给出的混凝土多轴强度与围压的关系图。可以看出,随着围压的增大,混凝土的多轴强度也随之增大。在围压较小时,混凝土的多轴强度随围压增加得较快,在围压较大时强度增加和围压增加基本呈线性关系。

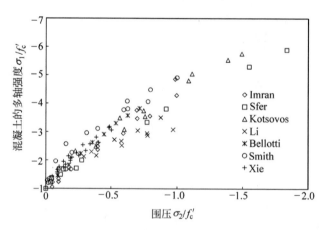

图 3.34　混凝土多轴强度与围压关系图

对于混凝土在围压荷载下强度的增加,现有的研究主要是根据试验结果拟合出材料的破坏面,或者用塑性力学的方法结合试验数据得出材料的破坏准则。如Richart 等[37]提出的经验公式:

$$\frac{\sigma_1}{f'_c} = 1 + 4.1 \frac{\sigma_2}{f'_c} \tag{3.95}$$

式中，f'_c 为混凝土的单轴抗压强度。Imran 等[36] 提出的经验公式：

$$\frac{\sigma_1}{f'_c} = \frac{\sigma_2}{f'_c} - 0.021 + \sqrt{10.571 \frac{\sigma_2}{f'_c} + 1.043} \tag{3.96}$$

在动力三轴荷载下，干燥混凝土与饱和混凝土体现出不同的破坏形式和破坏准则，本节对干燥混凝土与饱和混凝土分别叙述如下。

干燥混凝土在不同围压下的动三轴抗压强度如图 3.35 所示。将图 3.35 中的低围压部分放大，如图 3.36 所示。由图 3.35 和图 3.36 可以看出，Fujikake[38] 的

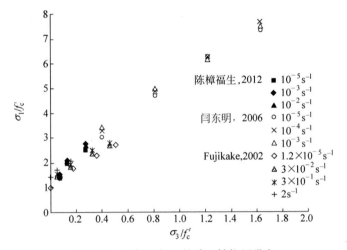

图 3.35　干燥混凝土的动三轴抗压强度

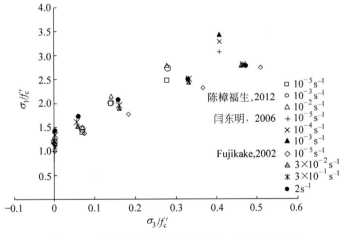

图 3.36　低围压下干燥混凝土的动三轴抗压强度

试验应变率较大,在低围压下强度增长较快,但由于其试验设备的限制,在较高围压下,随着轴向荷载的增加,围压不能保持稳定,导致强度结果偏低。由试验结果可以得到,不同的围压下,混凝土强度随着应变率的增大而增大,但差别不明显。闫东明[28]和 Fujikake 等[38]的试验结果都表明,随着围压的增大,混凝土强度随应变率增加的增长趋势变缓。闫东明[28]认为,当围压水平超过混凝土的单轴抗压强度时,混凝土在动力荷载下的应变率效应可以忽略。

目前,混凝土动态强度准则通常由静态强度准则扩展得到。一种方法是认为在不同应变率下的强度准则经过对应应变率下的单轴抗压强度归一化处理后,在子午面的破坏线基本不发生变化,正如 Takeda 等[39]的试验结果所示。当然,这种方法只需要单轴抗压或抗拉试验结果,即可得到多轴强度准则,但因为这只是一种简化的近似处理方法,在高应变率下,该方法带来的误差可能较大。另一种方法是假设动态强度准则和静态强度准则具有相同的形式,但准则中的参数是应变率的函数,各参数应符合各种加载条件下的强度变化规律,需要有单轴抗拉、单轴抗压、双轴等压和三轴压缩等各种条件下的试验数据来标定参数。

从静态试验结果可以得到,在所在的围压范围内,第二应力偏量不变量 $\sqrt{J_2}$ 与第一主应力不变量 I_1 之间具有很好的线性关系,可用 Drucker-Prager 准则(简称 D-P 准则)来描述:

$$\frac{\sqrt{J_2}}{f_{\mathrm{cs}}} - \alpha \frac{I_1}{f_{\mathrm{cs}}} - k = 0 \tag{3.97}$$

式中,α、k 为材料参数;f_{cs} 为材料准静态单轴抗压强度。那么,动力加载下混凝土的强度准则可用下式来表示:

$$\frac{\sqrt{J_2}}{f_{\mathrm{cs}}} - \alpha(\dot{\varepsilon}) \frac{I_1}{f_{\mathrm{cs}}} - k(\dot{\varepsilon}) = 0 \tag{3.98}$$

将动力荷载下干燥混凝土的强度绘于 $\sqrt{J_2}$-I_1 坐标系中,如图 3.37 所示,并根据式(3.98)进行最小二乘回归参数,结果见表 3.1。

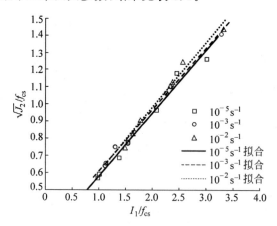

图 3.37　动力荷载下混凝土强度准则

表 3.1 D-P 准则的参数回归

应变率/s^{-1}	α	k	R^2
10^{-5}	0.366	0.212	0.9833
10^{-3}	0.358	0.247	0.9918
10^{-2}	0.381	0.212	0.9818

3.3.3 基于细观力学的围压动力荷载下混凝土的三轴强度准则

1. 围压荷载下的混凝土破坏过程

微裂纹在发生弯折扩展后,微裂纹尖端的主导应力主要为 I 型的 K 场。裂纹尖端的应力强度因子由两部分组成:一是摩擦力引起的裂纹面间的作用力,对裂纹的扩展起推动作用;二是围压荷载对微裂纹的横向压力,对裂纹的扩展起阻碍作用。如图 3.38 所示,类似于第 2 章的分析,我们考虑长度为 $2a_k$ 的等效裂纹 QQ',弯折扩展裂纹与 σ_1 的夹角为 γ,裂纹表面作用一对等效劈拉力 F,F 与裂纹面的夹角为 θ,与 σ_1 的夹角为 $\theta+\gamma$。等效劈拉力 F 的大小为

$$F = 2a_k\tau_n \tag{3.99}$$

式中,

$$\tau_n = F(\theta)(\sigma_1 - \sigma_2) - \mu\sigma_2 \tag{3.100}$$

$$F(\theta) = \sin\theta\cos\theta - \mu\sin^2\theta \tag{3.101}$$

因此,在远场应力 σ_1 和 σ_2 的共同作用下,裂纹尖端的应力强度因子可以表示为[20]

$$K_{\text{I}} = \frac{2a_k\tau_n\sin(\gamma+\theta)}{\sqrt{\pi(l+l^*)}} - \sqrt{\pi l}(\sigma_1\sin^2\gamma + \sigma_2\cos^2\gamma) \tag{3.102}$$

$$K_{\text{II}} = \frac{2a_k\tau_n\cos(\gamma+\theta)}{\sqrt{\pi(l+l^*)}} - \sqrt{\pi l}(\sigma_1 - \sigma_2)\sin\gamma\cos\gamma \tag{3.103}$$

式中,$l^* = 0.27a_k$,是为保证式(3.102)和式(3.103)在 l 较小时计算应力强度因子的准确性。

如图 3.38 所示,由于在弯折裂纹逐渐扩展的时候,总会选择最容易发生扩展的方向,即使得应力强度因子 K_{I} 最大的方向

$$\frac{\mathrm{d}K_{\text{I}}}{\mathrm{d}\gamma} = \frac{2a_k\tau_n\cos(\gamma+\theta)}{\sqrt{\pi(l+l^*)}} - 2\sqrt{\pi l}(\sigma_1 - \sigma_2)\sin\gamma\cos\gamma \tag{3.104}$$

在弯折裂纹扩展的过程中,弯折裂纹的长度 l 以及扩展角度 γ 应该满足

$$\frac{\mathrm{d}K_{\text{I}}}{\mathrm{d}\gamma} = 0, \quad K_{\text{I}} = K_{\text{I}c} \tag{3.105}$$

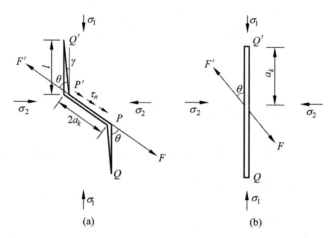

图 3.38   压缩荷载下混凝土中的弯折微裂纹(a)和等效微裂纹(b)

一般来说,混凝土的Ⅱ型断裂韧度要比Ⅰ型断裂韧度高。因此,在混凝土中微裂纹逐渐弯折扩展的过程中,Ⅱ型应力强度因子和Ⅱ型断裂韧度的比值永远比Ⅰ型应力强度因子和Ⅰ型断裂韧度的比值小,也就是说,混凝土在压缩破坏中不会发生以剪切破坏为主的破坏,主要是弯折裂纹的拉伸破坏。混凝土在斜剪破坏的情况下形成的斜裂缝主要是Ⅰ型破坏,这与试验中观察到破坏时混凝土的斜裂纹之间有缝隙吻合。

由于 $\partial k_{\mathrm{I}}/\partial l < 0$,因此单个弯折裂纹在扩展过程中总是稳定的,弯折裂纹的长度随着荷载的增加持续增加,而不会发生失稳扩展。这显然与实际情况不符。事实上,当弯折裂纹扩展到一定长度时,由于混凝土中含有大量的微裂纹,微裂纹之间由于相互作用的影响,每个裂纹尖端应力场都发生变化。随着裂纹间距的逐渐减小,这种相互作用越来越大,使得裂纹尖端的应力强度因子迅速增大,导致失稳扩展,材料随之发生破坏。下面采用伪面力法[40]计算裂纹相互作用的影响,并在一定假设下计算混凝土材料在围压动力荷载下的抗压强度。两个裂纹之间的相互作用如图 3.39 所示。

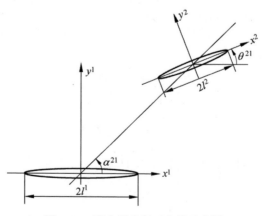

图 3.39   两个裂纹相互作用示意图

由于相互作用的影响，为计算裂纹尖端的应力强度因子，可以认为裂纹表面作用了一个伪面力 (σ,τ)，将伪面力作泰勒(Taylor)展开[40,41]：

$$\sigma^{pj} - i\tau^{pj} = \sum_{n=0}^{\infty} (\sigma_n^{pj} - i\tau_n^{pj})(x^j/l^j)^n, \quad j = 1,2 \tag{3.106}$$

式中，σ_n^{pj}，τ_n^{pj} 分别为伪面力的 n 阶分量，可以表示为

$$\sigma_n^{pj} = \sum_{m=0}^{\infty} (A_{nm}^{jk}\sigma_m^{pk} + B_{nm}^{jk}\tau_m^{pk}) + E_n^{jk}\frac{P^k}{\pi l^k} + F_n^{jk}\frac{P^k}{\pi l^k} \tag{3.107}$$

$$\tau_n^{pj} = \sum_{m=0}^{\infty} (C_{nm}^{jk}\sigma_m^{pk} + D_{nm}^{jk}\tau_m^{pk}) + G_n^{jk}\frac{P^k}{\pi l^k} + H_n^{jk}\frac{P^k}{\pi l^k}, \quad k,j = 1,2; \ j \neq k \tag{3.108}$$

式中

$$A_{n2m}^{jk} = g_m(l^j/d^{jk})^n \sum \frac{h_{nt}}{m+t}(l^j/d^{jk})^{2t}a_{n2t}^{jk} \tag{3.109}$$

$$A_{n(2m-1)}^{jk} = g_m(l^j/d^{jk})^n \sum \frac{h_{nt}}{m+t}\frac{2t+n}{2t}(l^j/d^{jk})^{2t+1}a_{n(2t+1)}^{jk} \tag{3.110}$$

$$h_{nm} = (-1)^n \frac{(n+2m-1)!}{2^{2m-1}n![(m-1)!]^2} \tag{3.111}$$

$$g_m = \frac{(2m)!}{2^{2m+1}(m!)^2} \tag{3.112}$$

$$a_{nm}^{jk} = (n+2)\cos[ma^{jk} + n(a^{jk} - \theta^{jk})] -$$
$$(m+n)\cos[ma^{jk} + (n+2)(a^{jk} - \theta^{jk})] +$$
$$m\cos[(m-2)a^{jk} + (n+2)(a^{jk} - \theta^{jk})] \tag{3.113}$$

将式(3.113)中的 a_{nm}^{jk} 分别用 b_{nm}^{jk}，c_{nm}^{jk} 和 d_{nm}^{jk} 代替，即可以求得式(3.107)和式(3.108)中的 B_{nm}^{jk}，C_{nm}^{jk} 和 D_{nm}^{jk}：

$$B_{nm}^{jk} = -(n+2)\sin[ma^{jk} + n(a^{jk} - \theta^{jk})] +$$
$$(m+n)\cos[ma^{jk} + (n+2)(a^{jk} - \theta^{jk})] -$$
$$(m-2)\sin[(m-2)a^{jk} + (n+2)(a^{jk} - \theta^{jk})] \tag{3.114}$$

$$C_{nm}^{jk} = -n\sin[ma^{jk} + n(a^{jk} - \theta^{jk})] +$$
$$(m+n)\sin[ma^{jk} + (n+2)(a^{jk} - \theta^{jk})] -$$
$$m\sin[(m-2)a^{jk} + (n+2)(a^{jk} - \theta^{jk})] \tag{3.115}$$

$$D_{nm}^{jk} = -n\cos[ma^{jk} + n(a^{jk} - \theta^{jk})] -$$
$$(m+n)\cos[ma^{jk} + (n+2)(a^{jk} - \theta^{jk})] -$$
$$(m-2)\cos[(m-2)a^{jk} + (n+2)(a^{jk} - \theta^{jk})] \tag{3.116}$$

式(3.107)中，E_n^{jk} 可以表示为

$$E_n^{jk} = (l^j/d^{jk})^n \sum_{m=1}^{\infty} \frac{h_{nm}}{2m-1} (l^j/d^{jk})^{2m} a_{n2m}^{jk} \tag{3.117}$$

将式(3.117)中的 a_{nm}^{jk} 分别用 b_{nm}^{jk}, c_{nm}^{jk} 和 d_{nm}^{jk} 代替,即可以求得式(3.107)和式(3.108)中的 F_n^{jk}, G_n^{jk} 和 H_n^{jk}。

这样,图 3.40 中裂纹尖端的应力强度因子可以表示为

$$K_\mathrm{I}^j = \sqrt{\pi l^j} \left(\frac{P^j}{\pi l^j} + \sum_{k=1}^{\infty} 2g_k \sigma_{2k}^{pj} + \sum_{k=1}^{\infty} 2g_k \sigma_{2k-1}^{pj} \right), \quad j = 1,2 \tag{3.118}$$

考虑裂纹和周围的微裂纹发生相互作用最后导致材料的破坏,采用的分析模型如图 3.40 所示。裂纹与主应力方向夹角为 θ,裂纹中心间的夹角为 φ,裂纹长度为 $2c$,间距为 W。

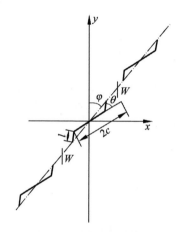

图 3.40　裂纹序列示意图

在劈拉荷载作用下,裂纹面上的伪面力可以表示为

$$\sigma_{2n}^p = \sum_{m=0}^{N} \left[\left(2\sum_{k=1}^{M} A_{2n2m} \right) \sigma_{2m}^p + \left(2\sum_{k=1}^{M} B_{2n2m} \right) \tau_{2m}^p \right] + 2P \sum_{k=1}^{M} E_{2n} + 2Q \sum_{k=1}^{M} E_{2n} \tag{3.119}$$

$$\tau_{2n}^p = \sum_{m=0}^{N} \left[\left(2\sum_{k=1}^{M} B_{2n2m} \right) \sigma_{2m}^p + \left(2\sum_{k=1}^{M} D_{2n2m} \right) \tau_{2m}^p \right] + 2P \sum_{k=1}^{M} F_{2n} + 2Q \sum_{k=1}^{M} H_{2n} \tag{3.120}$$

因此,考虑裂纹间相互影响后,由劈拉荷载 F 引起的裂纹尖端应力强度因子可以表示为

$$K_\mathrm{I}^{\mathrm{int}-1} = \frac{1}{\sqrt{\pi(l+l^*)}} \frac{1}{1-2\sum_{k=1}^{M} A_{00}} \left(1 - 2\sum_{k=1}^{M} A_{00} + 2\sum_{k=1}^{M} E_0 + 2\sum_{k=1}^{M} F_0 \right) P \tag{3.121}$$

式中，

$$P = 2a_k \sin\theta \{F(\theta)\sigma_1 - [F(\theta) + \mu]\sigma_2\} \tag{3.122}$$

采用同样的方法，可以求得考虑裂纹间相互影响后，由围压荷载引起的裂纹尖端应力强度因子(实际为负值)：

$$K_{\mathrm{I}}^{\mathrm{int}-2} = \frac{\sigma_2 \sqrt{\pi l}}{1 - 2\sum_{k=1}^{M} A_{00}} \tag{3.123}$$

式中，A_{00}，E_0 和 F_0 分别为

$$\sum_{k=1}^{M} A_{00} = \frac{\pi^2}{48}\left(\frac{c}{W}\right)^2 (2\cos 2\varphi - \cos 4\varphi) \tag{3.124}$$

$$\sum_{k=1}^{M} E_0 = \frac{\pi^2}{24}\left(\frac{c}{W}\right)^2 (2\cos 2\varphi - \cos 4\varphi) \tag{3.125}$$

$$\sum_{k=1}^{M} F_0 = \frac{\pi^2}{24}\left(\frac{c}{W}\right)^2 (\sin 4\varphi - \sin 2\varphi) \tag{3.126}$$

这样，图 3.40 中裂纹尖端的应力强度因子可以表示为

$$K_{\mathrm{I}} = \frac{1}{\sqrt{\pi(l+l^*)}} \frac{1 - 2\sum_{k=1}^{M} A_{00} + 2\sum_{k=1}^{M} E_0 + 2\sum_{k=1}^{M} E_0}{1 - 2\sum_{k=1}^{M} A_{00}} P - \frac{\sigma_2 \sqrt{\pi l}}{1 - 2\sum_{k=1}^{M} A_{00}} \tag{3.127}$$

2. 静力围压荷载下混凝土的强度

由式(3.127)可知，对于不同角度 θ 的微裂纹来说，由 $\partial P/\partial\theta = 0$ 可以求得当 $\theta_0 = \arctan\left(\mu + \sqrt{\mu^2+1}\right)$ 时使得劈拉力最大，因此这个角度的裂纹最容易发生开裂。由裂纹尖端的应力强度因子等于材料的断裂韧度 $K_{\mathrm{I}} = K_{\mathrm{IC}}$，可以得到在不同宏观裂纹取向角 φ 下，轴向荷载 σ_1 与主导裂纹长度 a_k，围压荷载 σ_2 以及弯折裂纹扩展长度 l 的关系：

$$\sigma_1 = \frac{(1-A)K_{\mathrm{IC}}\sqrt{\pi(l+0.27a_k)}}{0.57a_k(1+A+B)} + \sigma_2\left[2.4 + \frac{\pi\sqrt{l^2+0.27a_k l}}{0.57a_k(1+A+B)}\right] \tag{3.128}$$

为分析主导裂纹长度 a_k 的影响，将式(3.128)写成如下形式：

$$\frac{\sigma_1 \sqrt{\pi a_{km}}}{K_{\mathrm{IC}}} = (1-A)K_{\mathrm{IC}}G\sqrt{\frac{a_{km}}{a_k}} + \frac{\sigma_2 \sqrt{\pi a_{km}}}{K_{\mathrm{IC}}}(2.4 + \pi\sqrt{l_0}G) \tag{3.129}$$

式中，a_{km} 是混凝土中最大裂纹长度；$l_0 = l/a_k$。

$$G = \frac{\sqrt{\pi(l + 0.27a_k)}}{0.57a_k(1 + A + B)} \tag{3.130}$$

$$A = \frac{\pi^2}{24}\left(\frac{a_k l_0}{W}\right)^2 (2\cos 2\varphi - \cos 4\varphi) \tag{3.131}$$

$$B = \frac{\pi^2}{12}\left(\frac{a_k l_0}{W}\right)^2 (2\sin 4\varphi - 2\sin 2\varphi) \tag{3.132}$$

当 σ_1 增大时，l 也随之增大，$\partial K_I / \partial l < 0$，这时候裂纹扩展是稳定扩展；当 l 增大到一定长度时，裂纹相互作用开始占主导地位，$\partial K_I / \partial l > 0$，这时候的裂纹扩展就是失稳扩展。可以认为 $\partial K_I / \partial l = 0$ 为临界点，即对应混凝土的强度，在此之后，材料不能承受更高的荷载。

由于混凝土中微裂纹随机分布，较长微裂纹的间距必定更长，为计算破坏时主导裂纹长度 a_k 和微裂纹的间距 W 对围压下混凝土强度的影响，我们可以假设

$$\frac{W}{a_k} = b\left(\frac{W_m}{a_{km}}\right)^\alpha \tag{3.133}$$

式中，a_{km}，W_m 分别为混凝土中的最大裂纹长度及对应的裂纹间距；b 和 α 为经验系数，本章计算中取 $b=1$，$\alpha=1.2$；$W_m/a_{km}=4$。这些参数的取值并不是细观试验的观察结果，而是根据材料宏观试验的结果标定而得到的。在这些假设的基础上，可以求得混凝土的计算强度，破坏时主导裂纹长度 a_k 和微裂纹的间距 W 以及围压之间的关系。具体的计算方法如下：

（1）在某一围压下，对应不同裂纹长度和间距的微裂纹，分别计算它们在裂纹扩展过程中，式（3.128）随 l 变化的最小值。这个值就是对应不同长度主导裂纹发生失稳破坏时所需的外荷载。

（2）比较不同长度裂纹破坏所需要的外荷载，它们中的最小值即对应为混凝土材料发生串接破坏的裂纹长度，对应的裂纹即为主导裂纹。

（3）在不同围压下重复步骤（1），步骤（2）就可以求得混凝土在围压压缩破坏下，材料强度、主导裂纹长度以及宏观裂纹取向和围压的关系。

（4）在分析宏观裂纹取向角 φ 的时候，由于 $\varphi \neq 0$ 时裂纹串接需要裂纹扩展方向改变，因此相应的材料断裂韧度更大。为考虑这个因素的影响，当 $\Delta\sigma_1\sqrt{\pi a_{km}} / K_{IC} < 0.2$ 时，宏观裂纹的取向仍为 0。

计算结果如图 3.41～图 3.43 所示。图 3.41 为不同围压下混凝土的计算强度和主导裂纹长度的关系图。可以看出，当围压为零时，材料的计算强度随着裂纹长度的增加而减小，因此混凝土在最大裂纹长度处发生破坏。当围压增大到一定程度后，随着围压的增大，微裂纹的弯折扩展受到了抑制，并且较长裂纹的抑制作用更加明显。材料的计算强度随着裂纹长度的增加先减小然后增大，因此混凝土最后发生脆性串接破坏时的主导微裂纹长度随着围压的增大有减小的趋势，也就是说围压下混凝土并不一定是在最大裂纹长度处发生破坏，而有可能在较小的裂纹

长度处发生串接破坏。

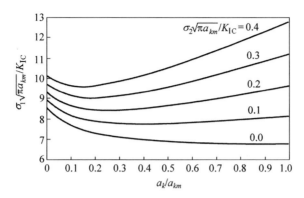

图 3.41 不同围压下混凝土强度和主导裂纹长度关系图

图 3.42 和图 3.43 分别为混凝土发生脆性破坏时的强度、主导裂纹的长度与围压的关系图。

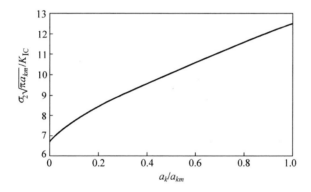

图 3.42 混凝土脆性破坏强度与围压关系图

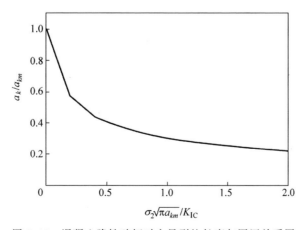

图 3.43 混凝土脆性破坏时主导裂纹长度与围压关系图

　　同时可以看出,在围压很小时,混凝土内最长的裂纹占主导地位,混凝土的破坏是由于最长裂纹的逐渐扩展而形成的;随着围压的逐渐增加,占主导地位的裂纹长度越来越小,混凝土的破坏是由一系列长度较小的裂纹串接导致的。

　　当围压进一步增大时,由于围压对弯折裂纹的抑制,材料发生脆性破坏所需的应力很大。同时由于混凝土材料内塑性变形逐渐增大,材料会发生塑性破坏,这时候混凝土材料的破坏已经不能采用以微裂纹变形为主的细观力学进行分析,这里采用的塑性破坏强度的表达式为 Mohr-Coulomb 准则:

$$\sigma_1 = \tau + c\sigma_2 \tag{3.134}$$

式中,τ 和 c 的值可由试验结果拟合得到。

　　因此,当由式(3.128)计算出的混凝土强度 σ_b 高于式(3.134)确定的混凝土强度 σ_p 时,混凝土即发生脆性破坏;反之即发生塑性破坏。混凝土强度由式(3.128)和式(3.134)的包络线确定,计算结果与已有的经验公式对比如图 3.44 所示。

$$\sigma = \min(\sigma_b, \sigma_p) \tag{3.135}$$

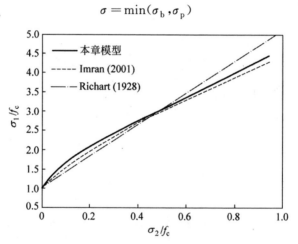

图 3.44　本章模型与其他经验公式比较

　　由图 3.44 可以看出,与现有的混凝土围压强度经验拟合公式相比,本章模型能够反映混凝土在不同围压荷载下强度的增加。并且本章模型是从围压破坏的细观机理出发并得出了混凝土围压强度的显示表达式,能够直观地分析混凝土的破坏方式以及各参数对其围压强度的影响。

3. 动力荷载下混凝土的多轴强度

　　在用细观力学方法得到了混凝土围压下的静力强度后,本节计算动力荷载下混凝土的多轴强度。根据前几章的结论,在线性增加的轴向动力荷载 σ_1 下,微裂纹在外荷载、自由水的黏聚力以及惯性的共同作用下,裂纹尖端的应力强度因子可以表示为

$$K_{\mathrm{I}} = \frac{1 - 2\sum_{k=1}^{M}A_{00} + 2\sum_{k=1}^{M}E_{0} + 2\sum_{k=1}^{M}F_{0}}{\sqrt{\pi(l + l^{*})}\left(1 - 2\sum_{k=1}^{M}A_{00}\right)} P^{\mathrm{d}} - \frac{\sigma_{2}\sqrt{\pi l}}{1 - 2\sum_{k=1}^{M}A_{00}} \qquad (3.136)$$

式中,

$$P^{\mathrm{d}} = 2a_{k}\sin\theta\{F(\theta)f(\dot{\varepsilon})\sigma_{1} - [F(\theta) + \mu]\sigma_{2}\} \qquad (3.137)$$

仍然假设动力荷载下混凝土的断裂韧度不变,因此混凝土材料的强度可以表示为

$$\frac{\sigma_{1}\sqrt{\pi a_{km}}}{K_{\mathrm{IC}}} = \frac{(1 - A)K_{\mathrm{IC}}G}{f(\dot{\varepsilon})}\sqrt{\frac{a_{km}}{a_{k}}} + \frac{\sigma_{2}\sqrt{\pi a_{km}}}{K_{\mathrm{IC}}}(2.4 + \pi\sqrt{l_{0}}G) \qquad (3.138)$$

和静力荷载下的分析方式类似,求出式(3.138)中 $\sigma_{1}\sqrt{\pi a_{km}}/K_{\mathrm{IC}}$,在不同围压 σ_{2},裂纹长度 a_{k} 和取向 θ 下变化 l 求得裂纹失稳扩展时的临界值,并使得这个临界值最小,即对应于混凝土发生脆性破坏时的强度,主裂纹长度和分布角度。计算结果如图 3.45 所示。

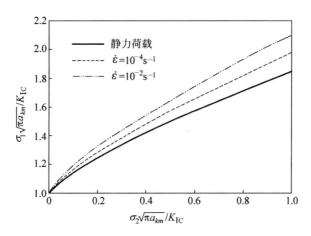

图 3.45 动力荷载下混凝土脆性破坏强度和围压关系图

可以看出,当加载速率逐渐增加时,由于式(3.138)中 $f(\dot{\varepsilon})$ 的影响,动力荷载下混凝土多轴强度增大。

由于混凝土多轴试验要求比较高,现有动力荷载下混凝土多轴强度的试验数据较少,而且加载速率的范围也比较小。为验证模型的合理性,将式(3.138)计算出的围压动力荷载下混凝土抗压强度与文献[42]的结果进行比较,结果如图 3.46 所示。由于文献[42]中的围压是采用约束轴向变形的办法,为与模型中固定围压的假定相比较,在图中分别作出了围压比为 0.15 和 0.2 的模型计算结果。

由图 3.46 可以看出,随着围压的增加,动力荷载下混凝土的强度增强系数逐渐减小,这是由于率效应对混凝土强度的影响只对轴向动态应力起作用,有围压时

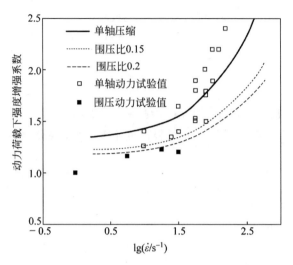

图 3.46　动力荷载下混凝土强度增强系数和应变率关系图

混凝土静力强度较高,因此动力荷载下的强度增强系数较小。

3.4　初始静荷载叠加动力荷载时混凝土强度变化机理与分析模型

　　从第 2 章的荷载历史作用下混凝土的动力试验结果可以看出,初始静荷载对动力荷载下混凝土的强度有一定程度的影响,但由于加载方式的不同,影响结果也有一定的差异,初始静荷载对动力荷载下混凝土强度的影响机理仍有待研究。本节通过分析不同初始静荷载下动力荷载惯性和黏性的影响,在适当的理论简化下得出了混凝土材料在不同初始静荷载下的动力抗拉、抗压强度,对已有试验现象做出了定性的解释和定量的分析,可为混凝土结构动力分析提供参考。

3.4.1　考虑初始静荷载下混凝土的动力抗拉特性

　　和 3.1 节建立的模型相同,可以应用断裂动力学理论分析单个裂纹在初始静荷载下的动力特性。考虑无限大介质中长度为 $2a$ 的单个裂纹,承受初始荷载 σ_0 基础上线性增加的荷载 $\sigma(t) = \dot{\sigma}t$,计算其动力响应。该问题可以分解为两个独立的子问题:一是裂纹承受静力荷载 σ_0,初始静荷载导致的应力强度因子为 $\sigma_0\sqrt{\pi a}$;另一个是裂纹承受线性增加的荷载 $\sigma(t) = \dot{\sigma}t$。分别求解两个子问题再叠加,即可求得 t 时刻裂纹尖端的动态应力强度因子值为

$$K_{\mathrm{I}}^{\mathrm{d}}(t) = \sigma_0\sqrt{\pi a} + f(c_2 t/a)\dot{\sigma}t\sqrt{\pi a} \tag{3.139}$$

式中,$f(c_2 t/a) < 1$ 为直接承受动力荷载时的名义应力强度因子值;t 为动力荷载

的作用时间。假设材料在 t_1 时刻发生破坏时，动力荷载下混凝土强度 σ_t^d 即为此时的外荷载 $\sigma_0 + \dot{\sigma} t_1$，材料破坏准则可以表示为

$$\sigma_0 \sqrt{\pi a} + f(c_2 t_1/a) \dot{\sigma} t_1 \sqrt{\pi a} = K_{1C}^d = K_{1C} \qquad (3.140)$$

根据式(3.140)，可将初始静荷载 σ_0 和初始静荷载下动力破坏时间 t_1 的关系表示为

$$\sigma_t^s = \sigma_0 + f(c_2 t_1/a) \dot{\sigma} t_1 \qquad (3.141)$$

因此，初始静荷载叠加动力荷载时混凝土强度增强系数 D^{ini} 可以表示为

$$D^{ini} = \frac{\sigma_t^d}{\sigma_t^s} = \frac{\sigma_0 + \dot{\sigma} t_1}{\sigma_0 + f(c_2 t_1/a) \dot{\sigma} t_1} \geqslant 1 \qquad (3.142)$$

由式(3.142)可知，当混凝土直接承受动力荷载破坏时，初始静荷载 $\sigma_0 = 0$，$t_1 = t_0$，$D^{ini} = 1/f(c_2 t_0/a) = D$；当混凝土直接承受静力荷载破坏时，$\sigma_0 = \sigma_t^s$，$t_1 = 0$，$D^{ini} = 1$。同时根据式(3.141)，可将 $f(c_2 t_1/a)$ 表示为

$$\frac{1}{f(c_2 t_1/a)} = \frac{\dot{\sigma} t_1}{\sigma_t^s - \sigma_0} \qquad (3.143)$$

由式(3.143)可以求得初始静荷载下叠加动力荷载的破坏时间，再代入式(3.142)即可求得 D^{ini}。可以认为 $1/f(c_2 t/a)$ 是动力荷载对混凝土材料强度增加的实际贡献，而由于初始静荷载下动力破坏时间要比直接作用动力荷载时小，惯性的影响较大，因此对混凝土强度增强实际贡献随初始静荷载的增加而增大。但同时这个贡献仅仅对强度动力荷载部分起作用，随着初始静荷载的增加，动力荷载起作用的基数 $(\sigma_t^s - \sigma_0)$ 减小，因此初始静荷载叠加动力荷载时混凝土强度与直接承受动力荷载相比有高有低。

3.4.2　考虑初始静荷载下混凝土的动力抗压特性

由于混凝土材料在受拉伸和压缩荷载下内部微裂纹的扩展和破坏方式不同，其强度和变形等力学特性也差别很大。同样，混凝土的率效应在拉伸和压缩情况下也有所不同。试验表明，相同加载速率情况下，动力荷载下混凝土的抗拉强度增长速度要远高于抗压强度，例如当应变率达到 $10^2 s^{-1}$ 时，抗拉强度大约增长 10 倍，而抗压强度增长 1 倍左右[10,11]。

采用与混凝土受拉类似的方法，分析考虑混凝土在受压破坏时内部裂纹扩展、弯折以及相互作用直至破坏的过程，可以用断裂动力学的方法求得混凝土的动力压缩荷载下的强度[12]。由前面分析可知，动力荷载惯性对混凝土强度的影响直接与动力荷载作用时间相关，作用时间越短，惯性的影响越大。需要指出的是，普通混凝土在单轴受压破坏时的应变大约为 $1500\mu\varepsilon$，是受拉破坏时应变的 10 倍左右，在相同加载速率情况下，其动力荷载作用时间要远高于受拉破坏，因此惯性的影响也较小。这就是较高加载速率情况下，混凝土的动力抗拉、抗压强度增强系数差别

的主要原因。由于混凝土受压破坏机理比较复杂,要准确地分析计算动力荷载下的混凝土强度较困难。因此,可以在直接动力荷载下混凝土抗压强度与加载速率的经验关系上,由式(3.143)换算得到动力受压情况下的名义应力强度因子 $f(c_2 t/a)$,再通过求解初始静荷载下的动力破坏时间,进而求得初始静荷载叠加动力荷载时混凝土的抗压强度。

3.4.3　计算结果和讨论

根据式(3.141)可以得到动力荷载对混凝土材料强度增加的实际贡献 $1/f(c_2 t/a)$ 与作用时间的关系,如图 3.47 所示。图中实心数据点代表文献[43]和文献[44]中抗拉的试验数据值,空心数据点代表文献[44]中抗压的试验数据值,实线和虚线分别代表本章模型抗压和抗拉的拟合值。

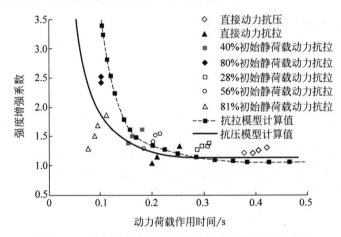

图 3.47　动力荷载实际强度增强系数与作用时间关系

由图 3.47 可以看出,采用断裂动力学的理论可以较好地分析动力荷载对混凝土材料强度增加的实际贡献与动力荷载作用时间的关系。在初始静荷载下叠加动力荷载时,随着初始静荷载水平的增加,动力荷载的实际作用时间减少,实际的动力荷载强度增强系数逐渐增大。由图 3.47 还可以看出,在试验中的加载速率下,对于受拉情况,由于惯性影响较大,在初始静荷载下,动力荷载作用时间的减少使得实际强度增强系数 $1/f(c_2 t/a)$ 增加很快,因此式(3.142)中的 $D^{\mathrm{ini}} > D$,初始静荷载下叠加动力荷载时混凝土的抗拉强度高于直接承受动力荷载;而当初始静荷载水平很高时,动力荷载部分 $\dot{\sigma} t_1$ 会远小于初始静荷载 σ_0,这时式(3.142)中的 $D^{\mathrm{ini}} < D$,初始静荷载下叠加动力荷载时混凝土的抗拉强度会低于直接承受动力荷载。而受压情况惯性影响较小,在初始静荷载下,由动力荷载作用时间减少带来的实际强度增强系数 $1/f(c_2 t/a)$ 变化不大,式(3.142)中的 $D^{\mathrm{ini}} < D$,因此初始静荷载下叠加动力荷载时混凝土的抗拉强度低于直接承受动力荷载。

　　根据上述分析,在混凝土强度与加载速率的关系基础上,可以求得初始静荷载叠加动力荷载后的混凝土强度。由于拉伸、压缩荷载下惯性和黏性的影响机理不同,混凝土动力增强系数与加载速率的关系也不同,因此混凝土材料在初始静荷载下与叠加动力荷载后的抗拉强度和抗压强度变化规律也有一定差异。为与文献[45]中试验结果相比较,分别计算静力荷载为 40% 和 80% 的静力抗拉强度时,叠加动力荷载后混凝土的抗拉强度,计算结果如图 3.48 所示。为与文献[46]中的试验值相比较,分别计算初始静力荷载为 28%、56% 和 81% 的静力强度时,叠加动力荷载下混凝土的抗压强度,计算结果如图 3.49 所示。

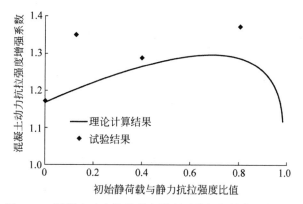

图 3.48 混凝土动力抗拉强度增强系数与初始静荷载关系

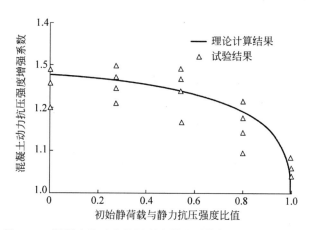

图 3.49 混凝土的动力抗压强度增强系数与初始静荷载关系

　　由图 3.48 和图 3.49 可以看出,本章采用断裂动力学的方法分析初始静荷载叠加动力荷载下混凝土的强度,模型与已有试验结果吻合良好,可以解释不同初始静荷载下混凝土强度变化的试验现象。在文献[45]和文献[46]中试验所示的加载速率下,初始荷载下混凝土的动力抗拉强度随初始静荷载的增加先增大后减小;混凝土的动力抗压强度随初始静荷载的增加而减小。

3.5　小结

（1）本节考虑自由水黏聚力和动力荷载下孔隙水的演化规律，分析动力荷载下混凝土的单轴抗拉强度变化机理，并建立了分析模型。在动力荷载下，裂纹中的自由水很难达到裂纹的裂尖，此时弯液面形成的孔隙水压力对裂纹尖端施加一个有益的阻力，同时加上裂纹中自由水有益黏聚力的作用及裂纹扩展速度对裂纹应力强度因子的影响，饱和混凝土中的裂纹应力强度因子与干燥的混凝土相比有所减小，导致动力荷载下饱和混凝土的强度与干燥混凝土相比有较大幅度的提高。通过与试验的对比也可以看出本章模型可以很好地解释混凝土的抗拉强度的变化机理及规律。

（2）考虑自由水有益黏聚力对动力荷载下裂纹应力强度因子的影响，采用弯折裂纹模型，分析了混凝土在动力压缩荷载下的破坏过程，并建立了分析模型，与现有试验结果对比表明本章模型可以较好地分析动力荷载下混凝土的抗压强度变化机理。

（3）本节建立了统一静态应变率的动态单轴抗压强度和动态单轴抗拉强度与应变率的关系式，并根据已有研究的试验结果，建立了类似的双轴等压动态强度变化关系式。根据单轴和双轴等压的动态强度发展规律，推导出完整的双轴动态强度包络线，与已有的试验结果吻合较好。双轴强度包络线分压-压区、拉-压区和拉-拉区。拉-压区为光滑曲线，避免了许多规范中的分段表述带来的困难。模型简单、适用，在没有双轴动态试验数据时，可作为预测使用；当有动态数据时，也可以直接拟合得到准确结果。

（4）本节还采用细观力学的方法，分析混凝土在各种围压下的破坏形态以及多轴强度，通过引入率相关条件，分析了有围压混凝土在动力荷载下的强度及本构关系。其中判断混凝土在不同围压下是发生脆性破坏还是塑性破坏时，采用了强度最小原则，即材料会以最容易发生破坏的方式破坏。从模型中可以看出，在较小加载速率情况下，动力荷载对混凝土围压下强度的影响可以近似地看成由于自由水黏滞的影响，使得混凝土的等效断裂韧度增加。而且动力荷载对混凝土围压下强度的影响和围压对混凝土强度的影响是相互独立的，可以叠加的，即动力荷载下混凝土的围压强度可以表示为：动力荷载下混凝土的单轴强度加上静力荷载下围压所增加的强度，这将大大简化混凝土动力围压强度的计算。但是当加载速率较大时，惯性影响增大，弯折裂纹的长度和加载速率有关，这种叠加关系不再成立。

（5）通过考虑混凝土不同初始静荷载下动力荷载惯性和黏性的影响，通过含裂纹体的断裂动力学分析，在直接承受动力荷载的混凝土强度与加载速率关系基础上，分析计算了不同初始静荷载对混凝土动力抗拉、抗压强度的影响，解释了现有的试验现象。根据现有试验结论和理论分析可以看出，混凝土在不同初始荷载下叠加动力荷载时,受拉和受压强度表现出来的截然不同特性是主要由惯性影响的不同造成的。

参考文献

[1] ROSSI P. Influence of cracking in the presence of free water on the mechanical behavior of concrete[J]. Magzine of Concrete Research,1991,43:53-57.

[2] ROSS C A. Effects of strain rate on concrete strength[J]. ACI Materials Journal,1995,92:37-47.

[3] ROSSI P,VAN MIER J G M,TOUTLEMONDE F,et al. Effect of loading rate on the strength of concrete subjected to uniaxial tension[J]. Materials and Structures,1994,27:260-264.

[4] ZHENG D,LI Q B. An explanation for rate effect of concrete strength based on fracture toughness including free water viscosity[J]. Engineering Fracture Mechanics,2004,71(16-17):2319-2327.

[5] ZHENG D, LI Q B. A microscopic approach to rate effect on compressive strength of concrete[J]. Engineering Fracture Mechanics,2005,72(15):2316-2327.

[6] WANG H L,LI Q B. Prediction of elastic modulus and Poisson's ratio for unsaturated concrete[J]. Engineering Fracture Mechanics,2007,44(5):1370-1379.

[7] WANG H L,JING W L,LI Q B. Saturation effect on dynamic tensile and compressive strength of concrete[J]. Advances in Structural Engineering,2009,12(2),279-286.

[8] KRAJCINOVIC D. Damage mechanics:accomplishments, trends and needs [J]. International Journal of Solids and Structures,2000,37:267-277.

[9] COTTERLL A H. The mechanical properties of matter[M]. New York:John Wiley & Sons,1964.

[10] 范天佑.断裂理论基础[M].北京:科学出版社,2003.

[11] 程传煊.表面物理化学[M].北京:人民交通出版社,1999.

[12] MATSUSHITA H,ONOUE K. Influence of surface energy on compressive strength of concrete under static and dynamic loading[J]. Journal of Advanced Concrete Technology,2006,4(3):409-421.

[13] FREUND L B. Dynamic fracture mechanics [M]. Cambridge:Cambridge University Press,1990.

[14] RAVI-CHANDAR K,KNAUSS W G. An experimental investigation into dynamic fracture:I. Crack initiation and arrest[J]. International Journal of Fracture,1984,25:247-262.

[15] ROSS C A,JEROME D M,TEDESCO J W,et al. Moisture and strain rate effects on concrete strength[J]. ACI Mater. J. ,1996,96:293-300.

[16] KANNINEN M F. Application of dynamic fracture mechanics for the prediction of crack arrest in engineering structures[J]. International Journal of Fracture,1985,27:299-312.

[17] MALVAR L J,ROSS C A. Review of strain rate for concrete in tension[J]. ACI Materials Journal,1996,95(6):735-738.

[18] BISCHOFF P H,PERRY S H. Compressive behavior of concrete at high strain rates[J]. Materials and Structures,1991,24：425-440.

[19] HORRI H, NEMAT-NASSERS. Brittle failure in compression：splitting, faulting and brittle-ductile transition[J]. Philosophical Transactions of the Royal Society,1986,319：337-374.

[20] ASHBY M, HALLAM S. The failure of brittle solids containing small cracks under compressive stress rate[J]. Acta Metallurgica,1986,34：497-510.

[21] HORRI H, NEMAT-NASSER S. Compression-induced microcrack growth in brittle solid：axial splitting and shear failure[J]. J. Geo. Res. ,1985,90(B4)：3105-1325.

[22] FANELLA D,KRAJCINOVIC D. A micromechanical model for concrete in compression [J]. Engineering Fracture Mechanics,1988,29(1)：49-66.

[23] ZAITSEV Y B. Crack propagation in a composite material//Fracture Mechanics of Concrete(Edited by Wittmann F H) [M]. Amsterdam：Elsevier,1983：31-60.

[24] ROSSI P. A physical phenomenon which can explain the mechanical behavior of concrete under high strain rates[J]. Materials and Structures,1991,24：422-424.

[25] FRANK M W. Fluid mechanics[M]. (4th Ed)Boston：McGraw-Hill,1999.

[26] KACHANOV M. Elastic solids with many cracks：A simple method of analysis[J]. International Journal of Solids and Structures,1987,23(1)：23-43.

[27] RAVICHANDRAN G,SUBHASH G. A micromechanical model for high strain rate behavior of ceramics [J]. International Journal of Solids and Structures, 1995, 32：2627-2646.

[28] 闫东明. 混凝土动态力学性能试验与理论研究[D]. 大连：大连理工大学,2006.

[29] 吕培印. 混凝土单轴、双轴动态强度和变形试验研究[D]. 大连：大连理工大学,2001.

[30] ZIELINSKI A J. Concrete under biaxial compressive-impact tenslie loading//Fracture toughness and fracture energy of concrete [M] Amsterdam：Elsevier Science Publishers,1986.

[31] WEERHEIJM J. Concrete under impact tensile loading and lateral compression[D]. Delft University of Technology,1992.

[32] MALVAR L J,ROSS C A. Review of strain rate effects for concrete in tension[J]. ACI Materials Journal,1998,95(6)：735-739.

[33] KUPFER H,HILSDORF H K,RUSH H. Behavior of concrete under biaxial stresses[J]. ACI Journal,1969,66(8)：656-666.

[34] 徐积善. 强度理论及其应用[M]. 北京：水利电力出版社,1984.

[35] 过镇海. 混凝土的强度和变形——试验基础和本构关系[M]. 北京：清华大学出版社,1997.

[36] IMRAN I, PANTAZOPOULOU S J. Plasticity model for concrete under triaxial compression[J]. Journal of Engineering Mechanics,2001,127(3)：281-290.

[37] RICHART F E,BRANDTZAEG A, BROWN R L. A study of the failure of concrete under combined compressive stresses [J]. University of Iuinois. Experiment Station. Bulletin,1928,185.

[38] FUJIKAKE K,MORI K,UEBAYASHI K,et al. Dynamic properties of concrete materials with high rates of tri-axial compressive loads[J]. Structures and Materials, 2000, 8：

511-522.

[39] TAKEDA J，TACHIKAWA H，FUJIMOTO K. Mechanical behavior of concrete under higher rate loading than in static test［J］. Mechanical Behavior of Materials，1974，2（Society of Materials Science，Kyoto，1974）：479-486.

[40] DENG H，NEMAT-NASSER S. Microcrack interaction and shear fault failure［J］. International of Damage Mechanics,1994,3：3-37.

[41] NEWMAN J，NEWMAN K. The cracking and failure of concrete under combined stresses and its implications for structural design［J］. The Deformation and Rupture of Solids Subjected to Multiaxial Stresses,Int. Symp. RILEM,Cannes,1972,1：149-168.

[42] GRAN J K，FLORENCE A L，COLTON J D. Dynamic triaxial test of high-strength concrete［J］. Journal of Engineering Mechanics,1989,115(5)：891-904.

[43] 马怀发,陈厚群,黎保琨. 应变率效应对混凝土弯拉强度的影响［J］. 水利学报,2005,36(1)：69-76.

[44] 闫东明,林皋,王哲. 变幅循环荷载作用下混凝土单轴拉伸特性研究［J］. 水利学报,2005,36(5)：593-597.

[45] 侯顺载,李金玉,曹建国,等. 高拱坝全级配混凝土动态试验研究［J］. 水力发电,2002,(1)：51-53,68.

[46] 闫东明,林皋. 不同初始静态荷载下混凝土动态抗压特性试验研究［J］. 水利学报,2006,37(3)：360-364.

第4章
CHAPTER 4

动力荷载下混凝土的本构关系

动力荷载下混凝土的本构关系是混凝土结构动力分析的基础。现有研究多利用弹塑性力学或者是连续性损伤力学得到混凝土的宏观模型,但模型中的损伤变量或者弹塑性本构模型中的诸多参数物理意义不清楚,一般需要通过具体的试验来确定,适用性有限。

混凝土材料在成型、养护等过程中,由于干缩、凝结硬化等原因会在混凝土的界面及水泥砂浆中形成各种尺度的随机裂纹(初始损伤),这些裂纹在外加荷载的作用下发生扩展、演化,导致混凝土的力学性能出现一些特有的特征。Horri 等[1]和 Ju 等[2]的研究表明:混凝土中微裂纹的产生、扩展及汇合是导致混凝土材料发生劣化、应力-应变曲线呈现非线性和混凝土呈现各向异性的主要因素。因此本章在前文的基础上,考虑混凝土内孔隙水对整体变形的影响,认为动力荷载下微裂纹扩展演化规律以及单个裂纹变形引起的柔度张量有所不同,考虑混凝土中微裂纹在不同荷载下的演化规律及对变形的影响,用细观损伤力学方法得出了混凝土在动力单轴拉伸和压缩荷载下的本构关系。

4.1 混凝土的弹性模量

混凝土的弹性模量是混凝土重要力学指标之一,它反映了弹性阶段混凝土应力与应变之间的关系,也是计算混凝土构件的变形、破坏等内容的重要参数,但是目前对混凝土特别是不同湿度下混凝土弹性模量的探讨极少,在仅有的少量讨论中还存在着一些矛盾。Yaman 等[3,4]的试验研究表明,在同一孔隙率的情况下,与干燥混凝土相比,饱和混凝土的泊松比和弹性模量有所增大。Bjerkei 等[5]通过试验研究了处于水压力作用下混凝土的变形、强度以及弹性模量,表明孔隙水压力不影响混凝土的弹性模量,此研究只是在试验的基础上给出一些宏观现象的描述,并没有上升到理论的高度。

　　混凝土弹性模量通常通过试验,由混凝土应力-应变曲线弹性段拟合分析得到,很少对其进行理论方法方面的研究。然而对混凝土进行材料设计时,没有合理的理论方法就很难达到预期的效果。混凝土的弹性模量通常受到水泥砂浆、粗骨料、界面过渡区及混凝土孔隙率的影响。试验研究表明:混凝土的弹性模量还受到孔隙及裂纹中自由水的影响,但是对产生此影响的机理还缺乏系统的研究。本书将从混凝土的组成结构入手,利用细观力学的方法对饱和、非饱和混凝土的弹性模量进行理论研究。

　　考虑混凝土的材料特性及组成特点,本章将建立饱和与非饱和混凝土的代表体单元,利用夹杂理论来对其做出探讨。目前可以根据混凝土的基本组成材料来预测混凝土弹性模量的模型一般有以下几种:基于两相结构的复合材料模型,如并联模型、串连模型、回字形模型以及混合模型等(详见图 4.1 及式(4.1)~式(4.4)),这些模型通常将水泥砂浆作为一相,将粗骨料作为另一相;基于三相结构的复合材料模型,在此模型中将混凝土的界面当作独立的一相加入材料的结构中,因为目前的研究表明作为普通混凝土中最薄弱环节的界面过渡区[5],对混凝土的强度和弹性模量有着较大的影响[6]。这些模型可以估测出混凝土弹性模量的一个大致范围:如采用串联模型得到的弹性模量为实际混凝土弹性模量的上限,而采用并联模型得到的弹性模量为实际混凝土弹性模量的下限,但是用来较为准确地预测混凝土的弹性模量还有一定的距离。Yaman 等[4]试图通过 Kuster-Toksoz(K-T)模型来对饱和混凝土的弹性模量进行衡量,但结果和试验值还有着较大的差距。这些模型主要缺点是没有考虑到混凝土中裂纹及孔隙几何形状对混凝土弹性模量的弱化作用,基于模型本身的特点也很难将这些弱化作用添加到这些模型中去,同时由于孔隙中自由水的弹性模量 E 很难得到,要基于这些模型直接去建立饱和、非饱和混凝土弹性模量的理论模型不可行。因此本节建立一种能够反映混凝土特别是湿态混凝土中自由水及裂纹、孔隙等弱化因素对混凝土弹性模量影响的理论分析模型。

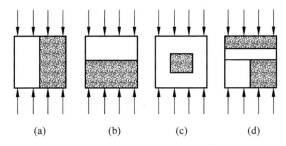

(a)　　　　(b)　　　　(c)　　　　(d)

图 4.1　两相结构的混凝土弹性模量计算模型

(a)并联模型;(b)串联模型;(c)回字形模型;(d)混合模型

　　利用上述各预测模型得到混凝土的弹性模量为[7]

(1)串联模型

$$E_C = E_M V_M + E_A V_A \tag{4.1}$$

（2）并联模型

$$\frac{1}{E_C} = \frac{V_M}{E_M} + \frac{V_A}{E_A} \tag{4.2}$$

（3）回字形模型

$$\frac{1}{E_C} = \frac{1 - \sqrt{V_A}}{E_M} + \frac{1}{(1/\sqrt{V_A} - 1)E_M + E_A} \tag{4.3}$$

（4）混合模型

$$\frac{1}{E_C} = 0.5\left(\frac{1}{E_M V_M + E_A V_A}\right) + 0.5\left(\frac{V_M}{E_M} + \frac{V_A}{E_A}\right) \tag{4.4}$$

式中，E_C 为混凝土弹性模量（二相结构）；E_M 为水泥砂浆的弹性模量；E_A 为粗骨料的弹性模量；V_M 为水泥砂浆的体积含量；V_A 为粗骨料的体积含量。

4.1.1　饱和混凝土弹性模量细观模型

混凝土中含有大量的孔隙及裂纹，这些柔性结构对混凝土的强度及弹性模量产生弱化作用，特别是其中非对称非规则的孔隙及裂纹。当混凝土的孔隙中充满自由水时，由于水的体积模量和基体的体积模量差别不是很大，所以在外界荷载作用下的混凝土的弹性压缩变形阶段，混凝土孔隙中的自由水限制了混凝土基体相的变形、增大了孔隙及裂纹的刚性，因此混凝土的弹性模量有所提高。本节将根据饱和与非饱和混凝土孔隙中自由水的含量来重新定义混凝土的饱和度，考虑孔隙及裂纹形状的影响来探讨不同湿度混凝土的弹性模量。

1. 饱和混凝土的代表体单元

当把混凝土中的固相（水泥砂浆、界面及骨料）看作是一种均质弹性材料，并以此作为基体，则可以将混凝土中体积含量较少的部分如孔隙、裂纹等看作夹杂，对于饱和混凝土则可以将孔隙及裂纹中的自由水作为一种弹性夹杂，并利用细观力学及等效模量的思想来求解其相关的弹性参数。饱和混凝土的代表体单元如图 4.2 所示。

2. 饱和混凝土弹性模量的细观理论模型

设在给定的饱和混凝土代表体单元边界上有远场均匀应力 σ 的作用。另外有一个与此形状相同的混凝土材料，其性质与代表体单元的混凝土基体的性质相同，在同样的外力作用下它的本构关系为[8]

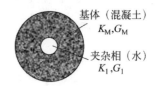

基体（混凝土）
K_M, G_M

夹杂相（水）
K_1, G_1

图 4.2　饱和混凝土的代表体单元示意图

$$\boldsymbol{\sigma} = \boldsymbol{D}_{\mathrm{M}} \boldsymbol{\varepsilon} \tag{4.5}$$

$$\boldsymbol{D}_{\mathrm{M}} = \frac{1}{3}(3K_{\mathrm{M}} - 2G_{\mathrm{M}})\boldsymbol{\delta\delta} + 2G_{\mathrm{M}}\boldsymbol{I} \tag{4.6}$$

式中，$\boldsymbol{D}_{\mathrm{M}}$ 为混凝土基体相的弹性张量；K_{M} 为混凝土基体相的体积模量；G_{M} 为混凝土基体相的剪切模量；$\boldsymbol{I}$ 为 4 阶单位张量。

由于孔隙水的扰动，实际混凝土基体中的平均应变等于 $\boldsymbol{\varepsilon} + \tilde{\boldsymbol{\varepsilon}}$，$\tilde{\boldsymbol{\varepsilon}}$ 为孔隙水作用而产生的扰动应变，此时基体中的平均应力为

$$\bar{\boldsymbol{\sigma}}_{\mathrm{M}} = \boldsymbol{\sigma} + \tilde{\boldsymbol{\sigma}} = \boldsymbol{D}_{\mathrm{M}}(\boldsymbol{\varepsilon} + \tilde{\boldsymbol{\varepsilon}}) \tag{4.7}$$

式中，$\tilde{\boldsymbol{\sigma}}$ 为基体中应力的扰动部分。

由于夹杂相和混凝土基体在弹性性质上存在差别，所以在外力场作用下夹杂相的平均应力和平均应变不同于基体内的相应平均值，其差值为 $\boldsymbol{\sigma}'$ 和 $\boldsymbol{\varepsilon}'$。夹杂相的应力扰动问题可以用 Eshelby 等效夹杂原理来处理[9]：

$$\bar{\boldsymbol{\sigma}}_{\mathrm{I}} = \boldsymbol{\sigma} + \tilde{\boldsymbol{\sigma}} + \boldsymbol{\sigma}' = \boldsymbol{D}_{\mathrm{I}}(\boldsymbol{\varepsilon} + \tilde{\boldsymbol{\varepsilon}} + \boldsymbol{\varepsilon}') \tag{4.8}$$

式中，$\bar{\boldsymbol{\sigma}}_{\mathrm{I}}$ 为夹杂相的平均应力；$\boldsymbol{D}_{\mathrm{I}}$ 为夹杂相的弹性张量；$\boldsymbol{\varepsilon}^*$ 为夹杂相的等效特征应变。

$$\boldsymbol{D}_{\mathrm{I}} = \frac{1}{3}(3K_{\mathrm{I}} - 2G_{\mathrm{I}})\boldsymbol{\delta\delta} + 2G_{\mathrm{I}}\boldsymbol{I} \tag{4.9}$$

$$\boldsymbol{\varepsilon}' = \boldsymbol{S}\boldsymbol{\varepsilon}^* \tag{4.10}$$

式中，$\boldsymbol{S}$ 为 4 阶 Eshelby 张量，与基体的弹性性质及夹杂相的形状有关；G_{I} 为夹杂相(孔隙水)的剪切模量；K_{I} 为夹杂相孔隙水的体积模量。根据平均应力公式

$$\boldsymbol{\sigma} = (1 - \varphi)\bar{\boldsymbol{\sigma}}_{\mathrm{M}} + \varphi\bar{\boldsymbol{\sigma}}_{\mathrm{I}} \tag{4.11}$$

式中，φ 为代表体单元中孔隙水所占的体积百分比。

由式(4.7)、式(4.8)及式(4.11)可得

$$\tilde{\boldsymbol{\varepsilon}} = -\varphi(\boldsymbol{S} - \boldsymbol{I})\boldsymbol{\varepsilon}^* \tag{4.12}$$

将式(4.10)和式(4.12)代入式(4.8)可得

$$\boldsymbol{\varepsilon}^* = \boldsymbol{H}\boldsymbol{\varepsilon} \tag{4.13}$$

式中，

$$\boldsymbol{H} = \{\boldsymbol{D}_{\mathrm{M}} + (\boldsymbol{D}_{\mathrm{I}} - \boldsymbol{D}_{\mathrm{M}})[\varphi\boldsymbol{I} + (1 - \varphi)\boldsymbol{S}]\}^{-1}(\boldsymbol{D}_{\mathrm{M}} - \boldsymbol{D}_{\mathrm{I}}) \tag{4.14}$$

从而得到代表体单元平均应变场和应力场的关系

$$\boldsymbol{\sigma} = \boldsymbol{D}_{\mathrm{M}}(\boldsymbol{I} + \varphi\boldsymbol{H})^{-1}\bar{\boldsymbol{\varepsilon}} \tag{4.15}$$

由式(4.15)可得饱和混凝土的等效弹性张量为

$$\boldsymbol{D} = \boldsymbol{D}_{\mathrm{M}}(\boldsymbol{I} + \varphi\boldsymbol{H})^{-1} \tag{4.16}$$

混凝土中的孔隙水限制了基体向孔隙中的变形，使得孔隙的刚性变大，因此忽略了孔隙形状的影响，拟用圆球形来模拟饱和混凝土中的孔隙形状。对于圆球形的夹杂相，Eshelby 张量 $\boldsymbol{S}$ 为[10]

$$S = S(\alpha, \beta) = (\alpha - \beta) \frac{1}{3} \boldsymbol{\delta\delta} + \beta \boldsymbol{I} \tag{4.17}$$

$$\alpha = \frac{3K_{\mathrm{M}}}{3K_{\mathrm{M}} + 4G_{\mathrm{M}}} \tag{4.18}$$

$$\beta = \frac{6(K_{\mathrm{M}} + 2G_{\mathrm{M}})}{5(3K_{\mathrm{M}} + 4G_{\mathrm{M}})} \tag{4.19}$$

则得饱和混凝土的体积模量和剪切模量为

$$\frac{K}{K_{\mathrm{M}}} = 1 + \frac{\varphi(K_{\mathrm{I}} - K_{\mathrm{M}})}{K_{\mathrm{M}} + (1 - \varphi) \dfrac{K_{\mathrm{I}} - K_{\mathrm{M}}}{K_{\mathrm{M}} + \dfrac{4}{3}G_{\mathrm{M}}} K_{\mathrm{M}}} \tag{4.20}$$

$$\frac{G}{G_{\mathrm{M}}} = 1 + \frac{\varphi(G_{\mathrm{I}} - G_{\mathrm{M}})}{G_{\mathrm{M}} + (1 - \varphi) \dfrac{G_{\mathrm{I}} - G_{\mathrm{M}}}{1 + \dfrac{9K_{\mathrm{M}} + 8G_{\mathrm{M}}}{6(K_{\mathrm{M}} + 2G_{\mathrm{M}})}}} \tag{4.21}$$

式中，K 为饱和混凝土的体积模量；G 为饱和混凝土的剪切模量。由弹性力学可得饱和混凝土的弹性模量为

$$E = \frac{9GK}{3K + G} \tag{4.22}$$

3. 饱和混凝土的弹性模量计算与分析

由式(4.20)和式(4.21)可知：只要知道了混凝土基体相的体积模量与剪切模量(即当混凝土的孔隙率为 0 时的相应模量)、孔隙水的体积与剪切模量以及孔隙水的体积百分比，就可以预测饱和混凝土的系列弹性模量。宏观状态下，水及空气的剪切模量为 0，由式(4.21)可知，干燥与饱和混凝土的剪切模量相等。

$$G_{\mathrm{sat}} = G_{\mathrm{dry}} = G_{\mathrm{M}} - \frac{\varphi G_{\mathrm{M}}^2}{G_{\mathrm{M}} - (1 - \varphi) \dfrac{G_{\mathrm{M}}}{1 + \dfrac{9K_{\mathrm{M}} + 8G_{\mathrm{M}}}{6(K_{\mathrm{M}} + 2G_{\mathrm{M}})}}} \tag{4.23}$$

由于空气的体积模量为 0，由式(4.20)可以求出饱和混凝土体积模量与干燥混凝土体积模量之间的关系为

$$K_{\mathrm{sat}} = K_{\mathrm{M}} - \frac{\varphi K_{\mathrm{M}}(K_{\mathrm{M}} - K_{\mathrm{w}})(K_{\mathrm{M}} - K_{\mathrm{dry}})}{\varphi K_{\mathrm{M}}^2 + (1 - \varphi) K_{\mathrm{M}} K_{\mathrm{w}} - K_{\mathrm{w}} K_{\mathrm{dry}}} \tag{4.24}$$

由于混凝土的孔隙及裂纹尺寸很小，而表面积很大，由微观流体力学可知，此时孔隙中水的黏性作用不能再按照宏观状态来考虑。在此尺寸下水的黏性系数急剧增大(图 4.3)，特别是当孔隙的有效半径小于 1000Å 时，因此其产生的表面张力和黏滞力较大，在弹性阶段对混凝土的剪切模量有所贡献。

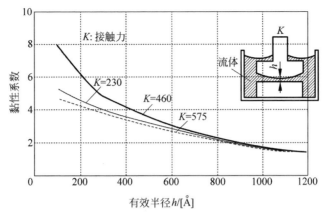

图 4.3 流体的黏性系数随有效半径的变化关系

根据流体力学,在极为接近的两平板中有流体存在(图 4.4),当两个平板发生相对运动时,水的黏滞作用就会对平板产生一个反向剪力以阻碍平板运动,根据牛顿黏滞性方程得其大小为[11,12]

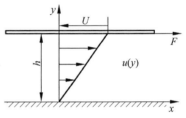

图 4.4 平板间流体的剪切流动

$$\tau^{w} = \frac{F}{A} = \mu \frac{U}{h} = \mu \frac{\mathrm{d}u}{\mathrm{d}y} = \mu \dot{\gamma} \quad (4.25)$$

式中,h 为两平板间的距离;U 为在力 F 作用下平板的运动速度;A 为平板的面积;μ 为水的黏性系数;$\mathrm{d}u/\mathrm{d}y$ 为速度梯度;$\dot{\gamma}$ 为剪切变形率,大小等于 $\mathrm{d}u/\mathrm{d}y$。

根据平均应力原理

$$\tau_{sat} = \frac{1}{V}\left(\int_{V_s} \tau^{s} \mathrm{d}V + \int_{V_w} \tau^{w} \mathrm{d}V\right) = G_{sat}\gamma \qquad (4.26)$$

可以得到饱和混凝土的剪切模量 G_{sat} 与干燥混凝土剪切模量 G_{dry} 及剪切变形率 $\dot{\gamma}$ 之间的关系为

$$G_{sat} = (1 + mj)G_{dry} \qquad (4.27)$$

式中,

$$m = \mu\dot{\gamma}/\gamma, \quad j = j(\varphi)$$

由式(4.27)可以看出,饱和混凝土的剪切模量与混凝土的孔隙率、裂纹及孔隙中自由水的黏性以及裂纹的运动速度即加载速率有关。在较高的加载速率下,受自由水黏性的影响,饱和混凝土剪切模量提高得较多,因此与干燥混凝土相比其动态弹性模量提高得较多。

由于混凝土孔隙与裂纹中自由水的黏性系数很难确定,所以在准静态加载速率下,计入自由水黏性的影响时饱和与干燥混凝土的剪切模量用式(4.28)表示:

$$G_{sat} = f(\varphi)G_{dry} = (f_1\varphi^2 + f_2\varphi + 1)G_{dry} \tag{4.28}$$

式中，$f(\varphi)$ 为孔隙率的函数；f_1、f_2 为常数，可以根据试验数据拟合得到。根据上述诸式求得 K 和 G 后，就可以通过式(4.22)求得饱和混凝土的弹性模量 E。

上述为干湿混凝土孔隙率不发生改变条件下，混凝土孔隙中的自由水对混凝土弹性模量影响的探讨。对于不同的养护条件下，如混凝土试件分别在干燥的环境及水中养护时，干燥与饱和混凝土弹性模量应该考虑混凝土中水泥水化程度对其影响。混凝土中水泥的水化是一个长期而缓慢的过程，随着水的渗入，未水化完全的水泥颗粒继续水化，与同批的干燥混凝土相比(孔隙率为 φ)，饱和混凝土的孔隙率和孔隙直径变小。饱和混凝土的有效孔隙率为 φ_e。

$$\varphi_e = \xi\varphi, \quad \xi < 1 \tag{4.29}$$

将式(4.29)代入式(4.20)就可以根据干燥混凝土孔隙率 φ 得到饱和混凝土的体积模量 K。

Yaman、Hearn 等[3]利用试验测得了某高强混凝土基体的体积模量 $K_M = 27.91GPa$，剪切模量 $G_M = 18.45GPa$，以及不同孔隙率条件下干燥与饱和混凝土的弹性模量。利用本章模型计算相同孔隙率条件下饱和与干燥混凝土的系列弹性模量时，取孔隙水为淡水，其体积模量 $K_I = 2.2GPa$。对于干燥混凝土 $K_I = 0GPa$，$f_1 = 0.18$，$f_2 = 0.2$，$\xi = 0.8$[9]。图 4.5 给出了不同孔隙率的干燥与饱和混凝土的体积模量对比，图 4.6 给出了根据本章模型计算得到的弹性模量的结果与 Yaman 试验数据及 K-T 模型的对比。

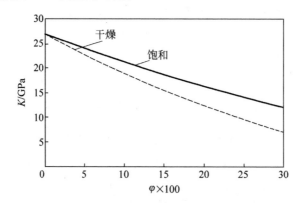

图 4.5　不同孔隙率的干燥与饱和混凝土体积模量对比图

由图 4.5 和图 4.6 可知：孔隙率对混凝土的弹性模量有较大的影响，随着孔隙率的增加，饱和与干燥混凝土的弹性模量都有所减小；与干燥的混凝土相比，饱和混凝土的弹性模量有所提高。同时，由图 4.6 可以看出利用本章计算模型计算的结果和试验数据相符，说明该模型可以较准确地预测饱和混凝土的弹性模量。

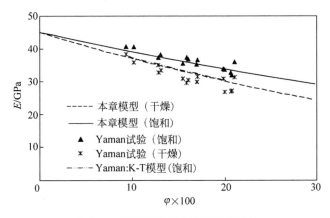

图 4.6　试验数据与理论模型的对比

4.1.2　非饱和混凝土的弹性模量计算细观模型

1. 非饱和混凝土的代表体单元

对于非饱和混凝土,孔隙及裂纹中水的饱和程度大致可以分为以下几种(图 4.7):饱和的孔隙、非饱和的孔隙和干燥的孔隙。对于非饱和的孔隙,由于自然状态下其中气体的压缩量极大,此时的孔隙水对基体相变形的限制作用极为微弱,因此在非饱和混凝土弹性模量模型的探讨中,将非饱和的孔隙与干燥的孔隙归为一类,统称为干燥的裂纹及孔隙,其存在对混凝土基体产生弱化作用。

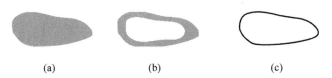

图 4.7　孔隙中的自由水

(a) 饱和的孔隙;(b) 非饱和的孔隙;(c) 干燥的孔隙

根据上面的讨论,非饱和混凝土的代表体单元可以认为是由混凝土固相、被自由水充满的孔隙和干燥的孔隙及微裂纹构成,详见图 4.8。同样利用细观力学对其弹性模量进行讨论,模型中将混凝土的固相作为基体,而自由水和干燥的孔隙及微裂纹作为夹杂。

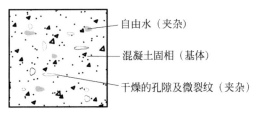

图 4.8　非饱和混凝土的代表体单元

2．非饱和混凝土弹性模量的细观模型

直接利用细观力学方法来探讨具有不同材性的两相夹杂问题，需要建立较多的合理假设去解耦方程，这是一个复杂而又烦琐的数学问题，而且结果收敛与否需要进一步的检验。因此本章根据上面采用的两相复合材料理论来对非饱和混凝土的代表体单元进行分解，同时考虑孔隙及裂纹形状的影响，来探讨非饱和混凝土的弹性模量。

现将非饱和混凝土的代表体单元做如下分解：①将自由水（饱和的孔隙）作为夹杂加入混凝土的基体中，作为材料 1，计算相应的弹性模量；②将材料 1 均化，得到一种等效的、均匀的介质作为材料 2，材料 2 的体积模量、剪切模量及弹性模量大小等于材料 1；③以材料 2 作为基体，将干燥的孔隙及裂纹作为夹杂加入基体，计算相应的弹性模量，此时得到的结果即为非饱和混凝土的弹性模量。具体过程详见图 4.9。

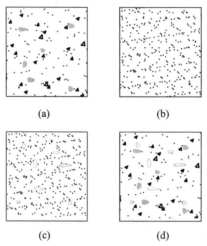

图 4.9　求解非饱和混凝土弹性模量的分解过程
(a) 混凝土基体＋饱和孔隙（材料 1）；(b) 材料 1 的等效介质（材料 2）；
(c) 材料 2＋孔隙及裂纹（材料 3）；(d) 非饱和混凝土的代表体

根据图 4.9 及分析可以得到：对于非饱和混凝土来说，由于非饱和孔隙与干燥混凝土孔隙对弹性模量的影响相当，因此需要对传统的饱和度定义进行修订，本章根据此特点采用有效饱和度来进行讨论，定义如下：

$$S_{\text{eff}} = \frac{V_{\text{p-sat}}}{V_{\text{p}}} = h(k_{\text{p}}, t) S_{\text{w}} \tag{4.30}$$

式中，S_{eff} 为非饱和混凝土的有效饱和度；$V_{\text{p-sat}}$ 为水饱和孔隙所占的体积；V_{p} 为混凝土中总的孔隙所占的体积，包括干燥的孔隙、非饱和的孔隙与饱和的孔隙；S_{w} 为传统的饱和度；h 为与混凝土的渗透系数及渗透时间有关的参数，其值小于等于 1；k_{p} 为混凝土渗透系数。

对于图 4.9(a)所示的材料 1,采用式(4.20)~式(4.22)计算其体积模量、剪切模量及弹性模量,此时的孔隙率采用式(4.29)所定义的有效孔隙率 φ_e。根据等效介质的定义,材料 2 的体积模量 K_2、剪切模量 G_2 及弹性模量 E_2 大小等于材料 1 的相应量,此时材料 2 为一种均化的各向同性材料。

$$\frac{K_2}{K_M} = 1 + \frac{S_{eff}\varphi_e(K_I - K_M)}{K_M + (1 - S_{eff}\varphi_e)\dfrac{K_I - K_M}{K_M + \dfrac{4}{3}G_M}K_M} \tag{4.31}$$

$$\frac{G_2'}{G_M} = 1 + \frac{S_{eff}\varphi_e(G_I - G_M)}{G_M + (1 - S_{eff}\varphi_e)\dfrac{G_I - G_M}{1 + \dfrac{9K_M + 8G_M}{6(K_M + 2G_M)}}} \tag{4.32}$$

$$G_2 = f(S_{eff}\varphi_e)G_2' \tag{4.33}$$

以材料 2 为基体,将干燥的孔隙及裂纹作为夹杂加入,如果将干燥的裂纹与孔隙按照币形裂纹来取值,根据式(4.31)及式(4.32)可以得到:

$$\frac{K - K_2}{K_I - K_2} = \frac{\varphi' K_2}{\varphi' K_2 + (1 - \varphi')\pi\alpha_2\beta} \tag{4.34}$$

$$\frac{G - G_2}{G_I - G_2} = \frac{\varphi'\eta}{1 - \varphi' + \varphi'\eta} \tag{4.35}$$

式中,φ' 为非饱和与干燥孔隙及裂纹的孔隙率,它与原始孔隙率 φ 之间的关系为 $\varphi' = (1 - S_{eff})\varphi$;$\alpha_2$ 为孔隙及裂纹的等效形状比率;β 和 η 的具体表达如下:

$$\beta = \frac{G_2(3K_2 + G_2)}{3K_2 + 4G_2} \tag{4.36}$$

$$\eta = \frac{1}{5}\left[1 + \frac{8G_2}{\pi\alpha(G_2 + 2\beta)} + \frac{4G_2}{3\pi\alpha_2\beta}\right] \tag{4.37}$$

$$\alpha_2 = \frac{1}{N}\sum_{i=1}^{N}\frac{a_i}{b_i} \tag{4.38}$$

式中,a_i、b_i 分别为不同形状裂纹及孔隙的短轴与长轴的长度;N 为非饱和混凝土中干燥裂纹及孔隙的总数量。

此时由于夹杂相为非饱和与干燥的孔隙及裂纹,其体积模量和剪切模量为 0,因此得到的体积模量及剪切模量即为非饱和混凝土的体积模量及剪切模量:

$$K_{unsat} = K_2 - \frac{(1 - S_{eff})\varphi K_2^2}{(1 - S_{eff})\varphi K_2 + (1 - \varphi + S_{eff}\varphi)\pi\alpha_2\beta} \tag{4.39}$$

$$G_{unsat} = G_2 - \frac{(1 - S_{eff})\varphi\eta G_2}{1 - (1 - S_{eff})(1 - \eta)\varphi} \tag{4.40}$$

式中,K_{unsat}、G_{unsat} 分别为非饱和混凝土的体积模量及剪切模量。

根据上述讨论也可得到干燥混凝土的体积模量及剪切模量为

$$K_{dry} = K_M - \frac{\varphi K_M^2}{\varphi K_M + (1-\varphi)\pi\alpha_2\beta} \tag{4.41}$$

$$G_{dry} = G_M - \frac{\varphi\eta G_M}{1-(1-\eta)\varphi} \tag{4.42}$$

式中，α_2、β 和 η 的取值同上。

3. 非饱和混凝土的弹性模量计算与分析

求得非饱和混凝土的体积模量及剪切模量就可以根据式(4.43)求得非饱和混凝土的弹性模量：

$$E_{unsat} = \frac{9K_{unsat}G_{unsat}}{3K_{unsat} + G_{unsat}} \tag{4.43}$$

为和 Yaman 的试验数据[4]作对比，K_M、G_M 仍采用文献[4]中的取值，具体如表 4.1 所示；$f_1 = 0.18$，$f_2 = 0.2$；$\xi = 0.8$；$\alpha_2 = 0.2$。

表 4.1　非饱和混凝土的组成相材料特性

材料特性	混凝土基体（Yaman）	自由水	孔隙及裂纹
弹性模量/GPa	45.35	—	—
体积模量/GPa	27.91	2.2	0
剪切模量/GPa	18.45	0	0
泊松比	0.229	—	—

图 4.10 和图 4.11 分别计算了不同饱和度下混凝土的剪切模量与弹性模量，由图 4.11 可以看出：计算结果与试验值较为吻合。对于干燥混凝土，通过与图 4.6 的对比可以看出，考虑裂纹及孔隙形状对混凝土基体软化影响的模型更为符合实际。

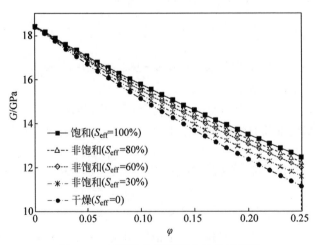

图 4.10　不同饱和度混凝土的剪切模量

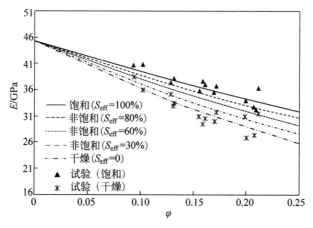

图 4.11　不同饱和度混凝土的弹性模量

4.1.3　混凝土的泊松比

试验研究表明,与干燥的混凝土相比,饱和混凝土的泊松比略有增大。增大的原因主要是混凝土孔隙中的自由水限制了混凝土基体的变形。当混凝土的体积模量及剪切模量为已知时,通过弹性力学就可以求得非饱和混凝土的泊松比:

$$\nu_{\text{unsat}} = \frac{1}{2}\left(1 - \frac{1}{1/3 + K_{\text{unsat}}/G_{\text{unsat}}}\right) \tag{4.44}$$

图 4.12 为本章计算模型与 Yaman 试验数据[4] 的对比,由此图可以看出:计算结果与试验数据较为符合。由此也可以推断本节用来计算体积模量和剪切模量的模型较为合理。

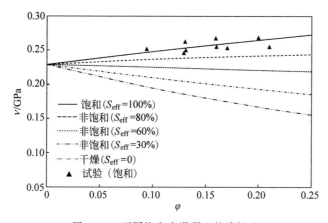

图 4.12　不同饱和度混凝土的泊松比

4.2   动力荷载下混凝土变形特性

混凝土材料是一种非均匀的多相介质,由于成型工艺、养护条件等原因,在材料承载之前,混凝土在不同层次的相界面及水泥浆体中,已经存在着大量的由干缩及凝结硬化所引起的各种尺度随机分布的微裂纹,即初始损伤。这些初始微裂纹不仅在荷载作用下进一步扩展,而且对混凝土的脆性破坏起着关键性控制作用,这种损伤演化是非线性的,导致混凝土的力学性能呈现出明显的非线性及各向异性的现象。混凝土材料的非线性主要是由于加载过程中混凝土内的微裂纹逐渐扩展而引起的,根据大量的试验和前人的研究成果,可以在分析中对混凝土材料进行以下简化[13-16]:

(1) 混凝土由三部分组成:骨料、水化水泥砂浆(HCP)和界面过渡区(interface transition zone,ITZ)。虽然它们的弹性模量和密度等性质差别很大,但是假设它们各自为各向同性,并且忽略骨料间的相互作用。

(2) 混凝土由于水化、干缩等作用存在初始裂纹,这些裂纹均为币状,并且只分布在界面过渡区中。不考虑水化水泥砂浆和骨料中的裂纹扩展。

(3) 在承受荷载前,初始裂纹分布在骨料和界面过渡区的接触面上。

(4) 随着荷载逐渐增大,界面过渡区中的微裂纹尺寸逐渐变大,并占据整个骨料和界面过渡区的接触面。微裂纹的扩展是自相似的(self-similar),即所有的裂纹在原来的平面内扩展,并在扩展过程中保持长宽比不变。

当微裂纹扩展到已占据整个接触面后,随着外荷载的进一步增大,微裂纹会继续扩展,进入水泥砂浆中。这种现象称为微裂纹的弯折扩展。由于外加荷载方向的不同,微裂纹弯折扩展的方向也不同。根据试验结果可以认为,如果主应力为拉应力,弯折方向与之平行;如果主应力为压应力,弯折方向与之垂直。

4.2.1   动力荷载下混凝土的弹性应变

关于拉应力作用下混凝土损伤本构关系的研究通常采用唯象学和细观力学的方法。一般来说,基于连续损伤力学方法的模型主要关心混凝土材料的宏观特性,损伤变量的选择和损伤演化规律的选取较为任意,不能反映混凝土材料变形和破坏的内在物理本质;而基于断裂力学的细观力学模型不仅可以描述混凝土材料中微孔洞的变形损伤、微裂纹的扩展汇合,揭示混凝土变形、混凝土破坏的内在本质,还能够解释和反映混凝土材料的宏观力学特性。因此,本节在前人工作基础上,从饱和混凝土材料的细观损伤机理出发,探讨混凝土中的微裂纹在不同拉应力水平下的扩展变形规律,建立动力荷载下饱和与干燥混凝土的本构模型。

由于混凝土中分布着大量微裂纹,材料在宏观上是统计各向同性的,即微裂纹的密度、取向和分布具有位置无关性。在细观力学中,通常定义一个代表体元

(representative volume element，RVE)，用 V 表示。代表体元一方面在细观上足够大，包含足够的细观结构，从而在代表体元内部是统计均匀的；另一方面该体元在宏观上足够小，可以看成整体材料或结构的一个质点，因此可以代表宏观材料或结果的平均性质。

代表体元的平均应变张量$\bar{\boldsymbol{\varepsilon}}$可以分解为两部分[14]：

$$\bar{\boldsymbol{\varepsilon}}_{ij} = \bar{\boldsymbol{\varepsilon}}_{ij}^{e} + \bar{\boldsymbol{\varepsilon}}_{ij}^{*} \tag{4.45}$$

式中，$\bar{\boldsymbol{\varepsilon}}_{ij}^{e}$，$\bar{\boldsymbol{\varepsilon}}_{ij}^{*}$分别为基体变形引起的弹性应变张量和微裂纹引起的应变张量。$\bar{\boldsymbol{\varepsilon}}_{ij}^{e}$可以由基体的平均应变得到：

$$\bar{\boldsymbol{\varepsilon}}_{ij}^{e} = \frac{1}{V} \int_{V_m} \boldsymbol{\varepsilon}'_{ij} \, \mathrm{d}V = \frac{1}{V} \int_{V_m} \boldsymbol{S}_{ijkl}^{0} \boldsymbol{\sigma}'_{kl} \, \mathrm{d}V = \boldsymbol{S}_{ijkl}^{0} \bar{\boldsymbol{\sigma}}_{kl} \tag{4.46}$$

式中，V为代表体元的体积；V_m为基体材料所占的体积；ε'_{ij}、σ'_{kl}分别为基体材料的应变、应力张量；$\bar{\sigma}_{kl}$为体元的平均应力张量；$\boldsymbol{S}_{ijkl}^{0}$为混凝土基体材料的柔度张量。假设混凝土基体为各向同性材料，柔度张量$\boldsymbol{S}_{ijkl}^{0}$为

$$\boldsymbol{S}_{ijkl}^{0} = \frac{1}{2E} \left[(1+\nu)(\boldsymbol{\delta}_{il}\boldsymbol{\delta}_{jk} + \boldsymbol{\delta}_{ik}\boldsymbol{\delta}_{jl}) - 2\nu \boldsymbol{\delta}_{ij}\boldsymbol{\delta}_{kl} \right] \tag{4.47}$$

式中，E为混凝土材料基体相的弹性模量；ν为混凝土材料基体相的泊松比；$\boldsymbol{\delta}_{ij}$为 Kronecker 符号。

对于初始混凝土材料，可以忽略初始微裂纹的张开体积，此时认为$V_m = V$，对代表体元进行应力平均，就可得到$\bar{\sigma}_{kl}$与外加应力σ'_{kl}之间的关系

$$\bar{\boldsymbol{\sigma}}_{kl} = \frac{1}{V} \int_{V_m = V} \boldsymbol{\sigma}'_{kl} \, \mathrm{d}V \tag{4.48}$$

将式(4.48)代入式(4.46)可得

$$\bar{\boldsymbol{\varepsilon}}_{ij}^{e} = \boldsymbol{S}_{ijkl}^{0} \boldsymbol{\sigma}_{kl} \tag{4.49}$$

将式(4.49)代入式(4.45)可得

$$\bar{\boldsymbol{\varepsilon}}_{ij} = \boldsymbol{S}_{ijkl}\boldsymbol{\sigma}_{kl} = (\boldsymbol{S}_{ijkl}^{0} + \boldsymbol{S}_{ijkl}^{*})\boldsymbol{\sigma}_{kl} \tag{4.50}$$

即将整体柔度张量分解为混凝土基体相的弹性柔度张量和微裂纹引起的非弹性柔度张量：

$$\boldsymbol{S}_{ijkl} = \boldsymbol{S}_{ijkl}^{0} + \boldsymbol{S}_{ijkl}^{*} \tag{4.51}$$

式中，$\boldsymbol{S}_{ijkl}^{*}$为混凝土中的裂纹对非弹性柔度张量的贡献。

加载过程中，代表体元中随机分布的微裂纹满足开裂准则的部分发生开裂、扩展，其他裂纹保持在稳定状态，而扩展的和稳定的裂纹对混凝土非弹性柔度张量的贡献是不同的，因此可以依照裂纹的扩展状态将$\boldsymbol{S}_{ijkl}^{*}$分解为如下两个部分：

$$\boldsymbol{S}_{ijkl}^{*} = \boldsymbol{S}_{ijkl}^{*s} + \boldsymbol{S}_{ijkl}^{*u} \tag{4.52}$$

式中，$\boldsymbol{S}_{ijkl}^{*s}$为稳定的张开型裂纹对非弹性柔度张量的贡献；$\boldsymbol{S}_{ijkl}^{*u}$为发生扩展的微裂纹对非弹性柔度张量的贡献。

在这些假定的基础上，首先计算动力荷载下单个微裂纹变形引起的非弹性应

变,然后分析在不同应力水平下微裂纹的扩展演化规律。假设微裂纹在取向空间上均匀分布,对整个代表体元内所有微裂纹积分就可以求得混凝土中微裂纹变形对材料整体应变的贡献,与基体的弹性应变叠加即可求得混凝土的本构关系。

4.2.2　动力荷载下混凝土内微裂纹引起的应变

考虑各向同性体中的单个币形微裂纹,建立如图 4.13 所示的整体坐标系(x_1, x_2, x_3)和局部坐标系(x_1', x_2', x_3'),这样微裂纹的取向可以用欧拉(Euler)角(φ, θ)来表示。

$$\boldsymbol{g}'_{ij} = \boldsymbol{g}^{\mathrm{T}}_{ij} = \boldsymbol{g}^{-1}_{ij} = \begin{bmatrix} \cos\varphi & \sin\varphi & 0 \\ -\cos\theta\sin\varphi & \cos\theta\cos\varphi & \sin\theta \\ \sin\theta\sin\varphi & -\sin\theta\cos\varphi & \cos\theta \end{bmatrix} \quad (4.53)$$

式中,$\boldsymbol{g}^{\mathrm{T}}_{ij}$ 和 $\boldsymbol{g}^{-1}_{ij}$ 分别为张量的转置和逆。

对于张开的币形微裂纹,其位移不连续矢量和远场应力呈线性关系,可以表示为[15]

$$\boldsymbol{b}_i = b'_l \boldsymbol{g}'_{li} = \sqrt{a^2 - r^2}\, \boldsymbol{B}'_{lj} \sigma'_{2j} \boldsymbol{g}'_{li} \quad (4.54)$$

式中,r 为裂纹中心到微裂纹面上一点的距离;$\boldsymbol{B}'_{ij}$ 为裂纹张开位移张量。对于单个微裂纹来说,如果不考虑相互作用,$\boldsymbol{B}'_{ij}$ 的非零元素只有 3 个,分别为

$$B'_{11} = B'_{33} = \frac{16(1-\nu^2)}{\pi E(2-\nu)}, \quad B'_{22} = \frac{8(1-\nu^2)}{\pi E} \quad (4.55)$$

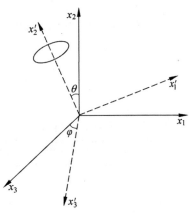

图 4.13　微裂纹的取向示意图

局部坐标系和整体坐标系中应力张量的转换关系为

$$\sigma'_{ij} = g'_{ik} g'_{jl} \sigma_{kl}, \quad \sigma_{ij} = g'_{ki} g'_{lj} \sigma'_{kl} \quad (4.56)$$

于是,微裂纹的位移不连续矢量为

$$\boldsymbol{b}_i = \sqrt{a^2 - r^2}\, \boldsymbol{B}'_{js} g'_{ji} g'_{2k} g'_{sl} \sigma_{kl} \langle \sigma'_{22} \rangle \quad (4.57)$$

式中,角括号定义如下:

$$\langle x \rangle = \begin{cases} 1 & \text{if} \quad x > 0 \\ 0 & \text{if} \quad x < 0 \end{cases} \quad (4.58)$$

将式(4.55)代入式(4.57),并利用 $n_i = g_{2i}$,得

$$\varepsilon^{*(\alpha)}_{ij} = \boldsymbol{S}^{*(\alpha)}_{ijkl} \boldsymbol{\sigma}_{kl} \quad (4.59)$$

式中,$\boldsymbol{S}^{*(\alpha)}_{ijkl}$ 为第 α 个微裂纹引起的非弹性柔度张量,其表达式如下:

$$\boldsymbol{S}^{*(\alpha)}_{ijkl} = \frac{\pi a^3}{6V} B'_{mn} (g'_{2i} g'_{mj} + g'_{2j} g'_{mi})(g'_{2k} g'_{nl} + g'_{2l} g'_{nk}) \langle \sigma_{st} g'_{2s} g'_{2t} \rangle \quad (4.60)$$

根据第 2 章的结论,在线性增加的动力荷载下,考虑自由水的黏滞作用,微裂纹面上可以看成作用了与裂纹面的相对速度成正比的黏聚力 σ_c,对于混凝土中不同取向的微裂纹,裂纹面的相对速度和局部坐标系下垂直于裂纹表面的应力速率成正比。因此位移不连续矢量可以表示为

$$\boldsymbol{b}_{ij} = b'_i g'_{ij} = \sqrt{a^2 - r^2} \, \boldsymbol{B}'_{ij} \sigma'^{d}_{2j} g'_{ij} \tag{4.61}$$

式中,作用在裂纹面上的等效拉应力为

$$\sigma'^{d}_{2j} = \sigma'_{2j} - A\dot{\sigma}'_{2j}\delta_{2j} \tag{4.62}$$

式中,A 为混凝土中黏聚力大小的系数;$\dot{\sigma}'_{2j}$ 为加载速率。因此,在动力荷载下第 α 个微裂纹引起的非弹性应变可以表示为

$$\varepsilon^{*(\alpha)}_{ij} = \frac{\pi a^3}{6V} B'_{mn} (g'_{2i}g'_{mj} + g'_{2j}g'_{mi})[(g'_{2k}g'_{nl} + g'_{2l}g'_{nk})\sigma_{kl} - 2A\dot{\sigma}g'_{2k}g'_{2l}\delta_{2n}] \tag{4.63}$$

比较动力荷载下和静力荷载下单个裂纹引起的非弹性应变可以看出,由于自由水的黏聚力影响,裂纹面间的张开位移减少,从而微裂纹对非弹性柔度张量的贡献也随之减少。因此混凝土在动力荷载下,与相同静力荷载水平相比较,混凝土的应变减小,其宏观弹性模量增大。这就解释了混凝土材料在动力荷载下初始弹性模量的增加。

4.2.3 微裂纹在单轴动力拉伸荷载下的扩展演化规律

由于混凝土中细观结构的复杂性,要严格得到微裂纹扩展准则的一般表达式是很困难的。因此,为了简化起见,假设所有微裂纹都处于各向同性的弹性基体中,忽略混凝土中微裂纹相互作用的影响,并采用混凝土的平均能量释放率达到某一临界值作为微裂纹的扩展准则。裂纹的扩展是自相似的,即裂纹扩展过程中保持形状不变,并且忽略裂纹扩展的时间,可以假设微裂纹的起裂准则为[14]

$$\left(\frac{K'^2_{\mathrm{I}}}{K^{if}_{\mathrm{I}C}}\right)^2 + \left(\frac{K'^2_{\mathrm{II}}}{K^{if}_{\mathrm{II}C}}\right)^2 = 1 \tag{4.64}$$

$$K'_{\mathrm{I}} = 2\sqrt{\frac{a}{\pi}}\sigma'_{22}, \quad K'_{\mathrm{II}} = \frac{4}{2-\gamma}\sqrt{\frac{a}{\pi}[(\sigma'_{31})^2 + (\sigma'_{33})^2]} \tag{4.65}$$

式中,$K^{if}_{\mathrm{I}C}$,$K^{if}_{\mathrm{II}C}$ 分别为混凝土与砂浆界面的断裂韧度;σ'_{22},σ'_{31},σ'_{33} 分别为各方向的主应力。由式(4.64)和式(4.65)可以看出,K'_{I},K'_{II} 并不是实际的 I 型和 II 型裂纹应力强度因子,而是等效的应力强度因子。

本章考虑轴对称荷载情况,在单轴情况下 $\sigma_2 = 0$,因此式(4.65)可以表示为

$$K'_{\mathrm{I}} = 2\sqrt{\frac{a}{\pi}}\sigma_1\cos^2\theta, \quad K'_{\mathrm{II}} = \frac{4}{2-\nu}\sqrt{\frac{a}{\pi}}\sigma_1\sin\theta\cos\theta \tag{4.66}$$

1. 混凝土受单拉时微裂纹发生各种变形机理的条件

在单轴拉伸荷载下,微裂纹的扩展演化规律为:在承受荷载前,半长从 $a_{0\min}$ 到 $a_{0\max}$ 的微裂纹均匀分布在骨料和水泥砂浆的界面上(图 4.14(a))。假设裂纹长度和骨料界面长度满足

$$\rho = \frac{2a_0}{D_0} \tag{4.67}$$

式中,$2a_0$ 为初始裂纹长度;D_0 为骨料的特征长度;ρ 为二者的比值,表示初始状态下混凝土骨料和砂浆界面黏合的紧密程度。ρ 与混凝土的水灰比、骨料的配合比以及养护条件等有关。

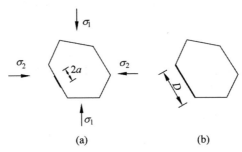

图 4.14   拉伸荷载下混凝土微裂纹的扩展演化

随着外部荷载的逐渐增大,满足一定长度和分布角度(θ, φ)的微裂纹满足了扩展准则式(4.66),它将发生快速开裂(图 4.14(b)),其半径从 $a_0(\theta)$ 增加到 $a_0(\theta)/\rho$。由于水泥砂浆的断裂韧度要高于界面的断裂韧度,裂纹扩展到充满整个界面就会停止开裂[16]。随着荷载的进一步增大,越来越多的裂纹会满足上述准则而发生扩展。当应力增大到使开裂的微裂纹的等效应力强度因子超过水泥砂浆的临界应力强度因子时,微裂纹可以发生再次扩展。微裂纹二次扩展的条件可以表示为

$$\left(\frac{K_{\text{I}}^{'2}}{K_{\text{I CC}}}\right)^2 + \left(\frac{K_{\text{II}}^{'2}}{K_{\text{II CC}}}\right)^2 = 1 \tag{4.68}$$

式中,$K_{\text{I CC}}$ 和 $K_{\text{II CC}}$ 分别为水泥砂浆的 I 型和 II 型断裂韧度。一旦某一长度和取向的微裂纹满足式(4.68),即认为裂纹发生了失稳扩展,混凝土材料随即发生宏观破坏。

在动力荷载下,考虑到加载惯性和自由水黏滞作用的影响,混凝土的动态应力强度因子应乘上一个系数 $f(\dot{\varepsilon})$(见第 3 章),裂纹发生一次开裂的条件为

$$\frac{\cos^2\theta}{(K_{\text{I C}}^{\text{if}})^2} + \frac{4\sin^2\theta}{(K_{\text{II C}}^{\text{if}})^2(2-\nu)^2} = \frac{\pi}{4a\left[\sigma_1 f(\dot{\varepsilon})\right]^2} \tag{4.69}$$

对于相同长度的微裂纹,与外加拉伸荷载方向一致的微裂纹($\theta = 0°$)最容易发生开裂。这时微裂纹的长度满足

$$\frac{1}{(K_{\mathrm{I\,C}}^{\mathrm{if}})^{2}} = \frac{\pi}{4a\,[\sigma_1 f(\dot{\varepsilon})]^{2}} \tag{4.70}$$

当荷载进一步增大的时候,可以根据微裂纹的取向角度将它们分为三类:

(1) $0 < \theta < \theta_{\min}$,在这个范围内,所有半径满足 $a_{0\min} < r < a_{0\max}$ 的微裂纹都会开裂。

(2) $\theta_{\min} < \theta < \theta_{\max}$,在这个范围内,所有半径满足 $a_0(\theta) < r < a_{0\max}$ 的微裂纹都会开裂。

(3) $\theta_{\max} < \theta < \pi/2$,在这个范围内,所有的微裂纹都是稳定的。

这样,将所有微裂纹的贡献积分,可以求得由微裂纹引起的柔度张量:

$$\bar{\boldsymbol{s}}^{\,*} = \frac{n_{\mathrm{c}}}{2\pi(a_{0\max} - a_{0\min})} \sum_{i=1}^{m} \int_{\theta_{il}}^{\theta_{ih}} \int_{\phi_{il}}^{\phi_{ih}} \int_{a_{il}}^{a_{ih}} \boldsymbol{S}_{i}^{\,*\,(k)}(a, \phi, \theta) \mathrm{d}a\,\mathrm{d}\phi\,\mathrm{d}\theta \tag{4.71}$$

式中,n_{c} 为代表体元微裂纹密度;m 代表裂纹所处的各种形态;θ_{ih},ϕ_{ih},a_{ih} 和 θ_{il},ϕ_{il},a_{il} 分别为欧拉角和裂纹半径的积分上下限,将在下节中讨论。

2. 不同单轴拉伸应力下微裂纹的扩展演化规律

根据外荷载大小的不同,混凝土受拉伸应力时,微裂纹的损伤扩展可以分为以下四种情况。

情况一

$$0 < \sigma_1 \leqslant \sqrt{\frac{\pi(K_{\mathrm{I\,C}}^{\mathrm{if}})^{2}}{4a_{0\max} f(\dot{\varepsilon})}} \tag{4.72}$$

这时候所有的微裂纹均未发生扩展,裂纹分布与扩展情况见表 4.2。

表 4.2　裂纹分布与扩展情况表(单轴拉伸情况一)

状态	θ_{il}	θ_{ih}	a_{il}	a_{ih}	长度	状态
1	0	$\pi/2$	$a_{0\min}$	$a_{0\max}$	a	稳定

情况二

$$\sqrt{\frac{\pi(K_{\mathrm{I\,C}}^{\mathrm{if}})^{2}}{4a_{0\max} f(\dot{\varepsilon})}} < \sigma_1 < \sqrt{\frac{\pi(K_{\mathrm{I\,C}}^{\mathrm{if}})^{2}}{4a_{0\min} f(\dot{\varepsilon})}} \tag{4.73}$$

这时半径大于某一长度 $a_0(\theta)$ 的微裂纹会发生扩展,裂纹分布与扩展情况见表 4.3。其中:

$$a_0(\theta) = \frac{\pi}{[2\sigma_1 f(\dot{\varepsilon})]^{2}} \frac{(K_{\mathrm{I\,C}}^{\mathrm{if}} K_{\mathrm{II\,C}}^{\mathrm{if}})^{2}}{(K_{\mathrm{II\,C}}^{\mathrm{if}} \cos\theta)^{2} + \left(\dfrac{2K_{\mathrm{I\,C}}^{\mathrm{if}} \sin\theta}{2 - \nu}\right)^{2}} \tag{4.74}$$

表 4.3　裂纹分布与扩展情况表（单轴拉伸情况二）

状态	θ_{il}	θ_{ih}	a_{il}	a_{ih}	长度	状态
1	0	$\theta_{\max}$	$a(\theta)$	$a_{0\max}$	a/ρ	开裂
2	0	$\theta_{\max}$	$a_{0\min}$	$a(\theta)$	A	稳定
3	$\theta_{\max}$	$\pi/2$	$a_{0\min}$	$a_{0\max}$	A	稳定

表 4.3 中，

$$\theta_{\max} = \arctan\sqrt{\frac{A_{21} + \sqrt{A_{21}^2 - 4A_{11}A_{31}}}{2A_{11}}} \tag{4.75}$$

式中，

$$A_{11} = \frac{\pi}{4a_{0\max}} \tag{4.76}$$

$$A_{21} = \frac{\pi}{2a_{0\max}} - \left(\frac{\sigma_1 f(\dot{\varepsilon})}{K_{\mathrm{II C}}^{\mathrm{if}}}\right)^2 \left(\frac{2}{2-\nu}\right)^2 \tag{4.77}$$

$$\sqrt{\frac{\pi(K_{\mathrm{I C}}^{\mathrm{if}})^2}{4a_{0\min}f(\dot{\varepsilon})}} < \sigma_1 < \sqrt{\frac{\rho\pi(K_{\mathrm{I CC}})^2}{4a_{0\max}f(\dot{\varepsilon})}} \tag{4.78}$$

情况三

$$\sqrt{\frac{\pi(K_{\mathrm{I C}}^{\mathrm{if}})^2}{4a_{0\min}f(\dot{\varepsilon})}} < \sigma_1 < \sqrt{\frac{\rho\pi(K_{\mathrm{I CC}})^2}{4a_{0\max}f(\dot{\varepsilon})}} \tag{4.79}$$

这时裂纹分布与扩展情况见表 4.4。

表 4.4　裂纹分布与扩展情况表（单轴拉伸情况三）

状态	θ_{il}	θ_{ih}	a_{il}	a_{ih}	长度	状态
1	0	$\pi/2$	$a(\theta)$	$a_{0\max}$	a/ρ	开裂
2	0	$\pi/2$	$a_{0\min}$	$a(\theta)$	a	稳定

表 4.4 中 $a(\theta)$ 的值参见式(4.74)。

情况四

$$\sigma_1 > \sqrt{\frac{\rho\pi(K_{\mathrm{I CC}})^2}{4a_{0\max}f(\dot{\varepsilon})}} \tag{4.80}$$

这时裂纹开始失稳扩展，混凝土材料发生宏观破坏。

4.2.4　压缩荷载下单个微裂纹变形引起的非弹性应变

1. 静力荷载下混凝土单压情况的微裂纹变形

仍然考虑如图 4.13 所示的整体坐标系和局部坐标系，微裂纹的取向用欧拉角

(θ,ϕ) 表示。同混凝土受拉情况类似,币形微裂纹在受压荷载情况下,位移不连续矢量和远场应力呈线性关系,可以表示为[17]

$$\boldsymbol{b}_l = b'_i g'_{li} = \sqrt{a^2 - r^2} \boldsymbol{B}^{c'}_{ij} \tilde{\sigma}'_{2j} g'_{li} \tag{4.81}$$

$$\tilde{\sigma}'_{2j} = \sigma'_{2j} - \mu \delta_{3j} \sigma'_{22} \tag{4.82}$$

式中,$\boldsymbol{B}^{c'}_{ij}$ 为裂纹张开位移张量。对于单个微裂纹来说,如果不考虑相互作用,$\boldsymbol{B}^{c'}_{ij}$ 的非零元素只有 2 个,分别为

$$B^{c'}_{11} = B^{c'}_{33} = \frac{16(1-\nu^2)}{\pi E(2-\nu)} \tag{4.83}$$

单个压缩裂纹对柔度张量的贡献为

$$\boldsymbol{S}^{*(\alpha)}_{ijkl} = \frac{\pi a^3}{3V} \boldsymbol{B}^{c'}_{mn} (g'_{2i} g'_{mj} + g'_{2j} g'_{mi})(g'_{2k} g'_{nl} - \mu \delta_{3n} g'_{2l} g'_{2k}) \tag{4.84}$$

由于自由水的黏滞作用,压缩动力荷载下的位移不连续矢量可以表示为

$$\boldsymbol{b}_i = b'_l g'_{li} = \sqrt{a^2 - r^2} \boldsymbol{B}'_{ij} \sigma'^{d}_{2j} g'_{li} \tag{4.85}$$

其中作用在裂纹面上的有效应力为

$$\sigma'^{d}_{2j} = \sigma'_{2j} - \mu \delta_{3j} \sigma'_{22} - B\dot{\sigma} \delta_{3j} \tag{4.86}$$

式中,B 为表示混凝土中黏聚力大小的系数;$\dot{\sigma}$ 为加载速率。

考虑自由水黏滞作用的影响后,动力荷载下单个压缩裂纹引起的非弹性应变为

$$\varepsilon^{*(\alpha)}_{ij} = \frac{\pi a^3}{3V} B^{c'}_{mn} (g'_{2i} g'_{mj} + g'_{2j} g'_{mi}) [(g'_{2k} g'_{nl} - \mu \delta_{3n} g'_{2l} g'_{2k}) \sigma_{kl} - B\dot{\sigma} \delta_{3n} g'_{2k} g'_{2l}] \tag{4.87}$$

2. 动力荷载下微裂纹发生弯折扩展时的变形

要求解实际三维弯折微裂纹的张开位移和对柔度张量的贡献是很困难的。本节采用如图 4.15 所示的二维等效微裂纹来计算实际三维复杂裂纹对整体柔度张量的贡献[1]。图中 τ_n 为裂纹表面的有效剪应力;等效裂纹中裂纹边缘与裂纹中心的夹角记为 β,则弯折扩展的微裂纹的位移包括两部分,即沿 β 方向的二维弯折微裂纹的张开位移 $\tilde{\nu}(\beta)$ 和闭合微裂纹面由于摩擦滑移产生的位移 $\tilde{u}(\beta)$。在单调比例加载情况下,$\tilde{\nu}(\beta)$ 和 $\tilde{u}(\beta)$ 可以分别表示为[17]

$$\tilde{\nu}(\beta) = \frac{4.8(1-\nu^2)}{\pi E} \sigma'_{21} F_1(a_k, \theta, l_c) \cos\beta \tag{4.88}$$

$$\tilde{u}(\beta) = \frac{4.8(1-\nu^2)}{\pi E} \sigma'_{21} F_2(a_k, \theta, l_c) \cos\beta \tag{4.89}$$

式中

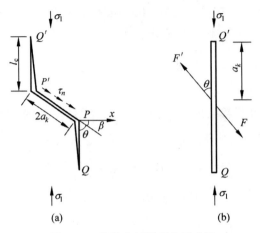

图 4.15　等效弯折微裂纹示意图

$$F_1(a_k,\theta,l_c)=\frac{\cot\theta}{\alpha}\left[\arcsin(a_1/a_2)\sqrt{a_2^2-a_1^2}+a_1\ln(a_1/a_2)\right] \tag{4.90}$$

$$F_2(a_k,\theta,l_c)=\frac{\sin^2\theta}{\cos\theta}F_1(a_k,\theta,l_c) \tag{4.91}$$

$$a_1=\alpha a_k\sin\theta \tag{4.92}$$

$$a_2=\alpha a_k\sin\theta+l \tag{4.93}$$

式中，α 是为了保证等效裂纹尖端的应力强度因子与数值计算的结果吻合而引入的。根据 Horri[1] 的计算结果，α 取为 0.25。弯折裂纹长度 l 的值由下式确定：

$$K_I^d=\frac{2f(\dot\varepsilon)a_k\tau_n\cos\theta}{\sqrt{\pi l}}+\sqrt{\pi l}\sigma_2=K_{ICC} \tag{4.94}$$

$$l=\begin{cases}\dfrac{K_{ICC}+\text{sgn}(\sigma_2)\sqrt{K_{ICC}^2-8f(\dot\varepsilon)\sigma_2 a_k\tau_n\cos\theta}}{2\pi q_2}, & \sigma_2\neq 0\\[4mm] l=\dfrac{1}{\pi}\left(\dfrac{2f(\dot\varepsilon)a_k\tau_n\cos\theta}{K_{ICC}^2}\right)^2, & \sigma_2=0\end{cases} \tag{4.95}$$

将式中的二维位移分量沿裂纹边缘($0\leqslant\beta\leqslant\pi/2$)积分，得到三维等效弯折裂纹的平均位移：

$$\bar b_i''=0.38B_{ij}'\sigma_{2j}'F_1(a_k,\theta,l) \tag{4.96}$$

$$\bar b_i'=0.38B_{ij}'\sigma_{2j}'F_2(a_k,\theta,l) \tag{4.97}$$

式中，

$$B_{33}'=\frac{8(1-\nu^2)}{\pi E}, \quad \text{其他，} \quad B_{ij}'=0 \tag{4.98}$$

考虑自由水黏滞作用影响后，动力荷载下等效弯折裂纹的平均位移为

$$\bar{b}''_i = 0.38B'_{ij}(\sigma'_{2j} - \mu\delta_{3j}\sigma'_{22} - B\dot{\sigma}\delta_{3j})F_1(a_k,\theta,l) \tag{4.99}$$

$$\bar{b}'_i = 0.38B'_{ij}(\sigma'_{2j} - \mu\delta_{3j}\sigma'_{22} - B\dot{\sigma}\delta_{3j})F_2(a_k,\theta,l) \tag{4.100}$$

将式(4.99)和式(4.100)代入式(4.98),就可以求得其对整体非线性应变的贡献。

4.2.5　微裂纹在动力压缩荷载下的扩展演化

考虑混凝土承受围压三轴应力,先将比例加载到横向应力 σ_2,然后固定横向应力,逐渐增加轴向应力 σ_1,直到混凝土破坏。如果横向应力 $\sigma_2=0$,则为单轴压缩。混凝土在压缩荷载下的扩展演化规律如图4.16所示。当外荷载逐渐增大,裂纹尖端的应力强度因子超过界面的断裂韧度时,裂纹会发生Ⅱ型开裂并自相似扩展至整个界面,然后被具有更高强度的水泥砂浆所束缚而停止扩展,如图4.16(b)所示;当外加荷载继续增加,裂纹尖端的应力强度因子超过水泥砂浆的断裂韧度时,裂纹会发生弯折扩展,扩展的翼型裂纹沿着曲线的方式继续扩展,最终扩展至与外加压应力平行的方向,如图4.16(c)所示。

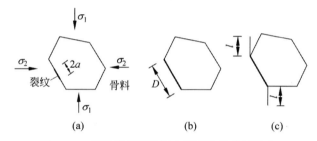

图4.16　压缩荷载下混凝土微裂纹的扩展演化

在轴向和横向应力 σ_1 和 σ_2 的作用下,微裂纹表面的法向压应力 σ_n 和切向应力 τ_n 分别为[18,19]

$$\sigma_n = \sigma_1\cos^2\theta + \sigma_2\sin^2\theta \tag{4.101}$$

$$\tau_n = F(\theta)(\sigma_1 - \sigma_2) - \mu\sigma_2 \tag{4.102}$$

式中,

$$F(\theta) = \sin\theta\cos\theta - \mu\cos^2\theta \tag{4.103}$$

式中,θ 为微裂纹法向和轴向的夹角;μ 为裂纹面的摩擦系数(对混凝土来说,$\mu = 0.4\sim0.6$)。这里忽略了裂纹面的黏合力。

混凝土在线性增加的动力荷载 σ_1 下,考虑自由水黏聚力的影响,微裂纹表面的有效切向应力为

$$\tau^d = F(\theta)\sigma_1 - [F(\theta) + \mu]\sigma_2 - B\dot{\varepsilon} \tag{4.104}$$

1. 混凝土受压时微裂纹发生各种变形机理的条件

1) 微裂纹表面发生滑移

当微裂纹表面的有效切向应力 $\tau^{\mathrm{d}} \geqslant 0$ 时,微裂纹表面即发生滑移。

将式(4.104)代入就可以求得微裂纹发生滑移变形的条件:

$$\mu\sigma_2 \tan^2\theta - (\sigma_1^{\mathrm{d}} - \sigma_2)\tan\theta + \mu\sigma_1^{\mathrm{d}} < 0 \tag{4.105}$$

$$\mu\sigma_1^{\mathrm{d}} = \sigma_1 - B\dot{\varepsilon} \tag{4.106}$$

求解式(4.105)可以求得微裂纹发生滑移的条件:

$$\tan\theta_{\mathrm{s1,s2}} = \frac{(\sigma_1^{\mathrm{d}} - \sigma_2) \mp \sqrt{(\sigma_1^{\mathrm{d}} - \sigma_2)^2 - 4\mu^2\sigma_1^{\mathrm{d}}\sigma_2}}{2\mu\sigma_2} \tag{4.107}$$

当微裂纹取向满足 $\theta_{\mathrm{s1}} \leqslant \theta \leqslant \theta_{\mathrm{s2}}$ 时,微裂纹发生滑移。为计算方便,可将临界滑移条件简化为如下形式:

$$\theta = \theta_{\mathrm{s1,s2}} = \arctan\left[\frac{1 \mp \sqrt{1 - 4c_1(c_1 + \mu)}}{2c_1}\right] \tag{4.108}$$

式中,

$$c_1 = \frac{\mu\sigma_2}{\sigma_1 - \sigma_2 - B\dot{\varepsilon}} \tag{4.109}$$

要使式(4.108)有意义,必须满足 $(\sigma_1^{\mathrm{d}} - \sigma_2)^2 - 4\mu^2\sigma_1^{\mathrm{d}}\sigma_2 > 0$,因此:

$$\sigma_1 \geqslant \left(\sqrt{\mu^2 + 1} + \mu\right)^2 \sigma_2 + B\dot{\varepsilon} \tag{4.110}$$

也就是说,只有轴向荷载大于一定值后,混凝土中微裂纹才会发生滑移变形。

2) 微裂纹发生Ⅱ型开裂

由第 3 章的分析可知,混凝土在线性增加的动力荷载 σ_1 下,微裂纹尖端的Ⅱ型应力强度因子可以表示为

$$K_{\mathrm{II}}^{\mathrm{d}'} = \frac{4}{2 - \nu}\sqrt{\frac{\pi}{a}}\left[f(\dot{\varepsilon})F(\theta)(\sigma_1 - \sigma_2) - \mu\sigma_2\right] \tag{4.111}$$

当外荷载逐渐增大,微裂纹的Ⅱ型等效应力强度因子 $K_{\mathrm{IIC}}^{\mathrm{d}'}$ 大于混凝土骨料和水泥砂浆界面的临界应力强度因子(断裂韧度)$K_{\mathrm{IIC}}^{\mathrm{if}}$ 时,微裂纹即会发生Ⅱ型开裂,微裂纹长度迅速从 $2a_0$ 增加到 D_0。裂纹发生Ⅱ型开裂扩展的判据可以写成:

$$K_{\mathrm{IIC}}^{\mathrm{d}'} \geqslant K_{\mathrm{IIC}}^{\mathrm{if}} \tag{4.112}$$

将式(4.108)代入式(4.111)就可以求得微裂纹发生Ⅱ型开裂扩展的条件:

$$\tan\theta_{\mathrm{c1,c2}} = \frac{f(\dot{\varepsilon})\sigma_1 - \sigma_2 \mp \sqrt{[f(\dot{\varepsilon})\sigma_1 - \sigma_2]^2 - 4[A_{13} + \mu f(\dot{\varepsilon})\sigma_1](A_{13} + \mu\sigma_2)}}{2(A_{13} + \mu\sigma_2)}$$

$$\tag{4.113}$$

式中,

$$A_{13} = \frac{(2-\nu)K_{\mathrm{II C}}^{\mathrm{if}}}{4}\sqrt{\frac{\pi}{a}} \tag{4.114}$$

当微裂纹取向满足 $\theta_{c1} \leqslant \theta \leqslant \theta_{c2}$ 时,微裂纹将发生 II 型开裂。为计算方便,可以将式(4.113)简化为如下形式:

$$\theta_{c1,c2} = \arctan\left[\frac{1 \mp \sqrt{1 - 4c_2(c_2 + \mu)}}{2c_2}\right] \tag{4.115}$$

式中,

$$c_2 = \frac{\mu\sigma_2 + A_{13}}{f(\dot{\varepsilon})\sigma_1 - \sigma_2} \tag{4.116}$$

3) 微裂纹发生弯折扩展

当外荷载进一步增大,微裂纹的 II 型等效应力强度因子 $K_{\mathrm{II C}}$ 逐渐增大,并沿微裂纹前缘产生较大的拉伸应力,而混凝土材料抵抗拉应力的能力很差,可以采用最大拉应力准则作为微裂纹弯折扩展的判据。根据 I 型裂纹的扩展准则 $K_{\mathrm{I}}^{\mathrm{d}} > K_{\mathrm{I CC}}$ 以及假设发生断裂时裂纹扩展方向上的最大环向应力相等,可以近似得到闭合裂纹发生弯折扩展的判据[17]:

$$K_{\mathrm{II C}}^{\mathrm{d'}} \geqslant \frac{\sqrt{3}}{2}K_{\mathrm{I CC}} \tag{4.117}$$

将式(4.117)代入式(4.111),就可以求得微裂纹发生弯折扩展的条件:

$$\tan\theta_{k1,k2} = \frac{[f(\dot{\varepsilon})\sigma_1 - \sigma_2] \mp \sqrt{[f(\dot{\varepsilon})\sigma_1 - \sigma_2]^2 - 4[A_{14} + \mu f(\dot{\varepsilon})\sigma_1](A_{14} + \mu\sigma_2)}}{2(A_{14} + \mu\sigma_2)} \tag{4.118}$$

式中,

$$A_{14} = \frac{\sqrt{3}(2-\nu)K_{\mathrm{I CC}}}{8}\sqrt{\frac{\pi}{a}} \tag{4.119}$$

当微裂纹取向满足 $\theta_{k1} \leqslant \theta \leqslant \theta_{k2}$ 时,微裂纹将发生弯折扩展。为计算方便,可以将式(4.119)简化为如下形式:

$$\theta_{k1,k2} = \arctan\left[\frac{1 \mp \sqrt{1 - 4c_3(c_3 + \mu)}}{2c_3}\right] \tag{4.120}$$

式中,

$$c_3 = \frac{\mu\sigma_2 + A_{14}}{f(\dot{\varepsilon})\sigma_1 - \sigma_2} \tag{4.121}$$

2. 不同应力场下微裂纹的扩展演化规律

为求得在不同长度和分布角度下微裂纹的扩展形式,我们需要求得最先发生各种扩展变形的微裂纹角度 θ。将裂纹面上的剪应力对 θ 求偏导,得

$$\frac{\partial \tau}{\partial \theta} = \cos^2\theta (\tan^2\theta - 2\mu\tan\theta - 1)(\sigma_1 - \sigma_2) \tag{4.122}$$

因此由 $\partial\tau/\partial\theta = 0$ 可以求出所有取向的微裂纹中,微裂纹表面有效剪切应力最大值发生在取向为 θ_0 的微裂纹上。其中:

$$\theta_0 = \arctan(\mu + \sqrt{\mu^2 + 1}) \tag{4.123}$$

当 $\mu = 0.6$ 时,$\theta_0 = 60.5°$。由于 θ_0 与 σ_1 和 σ_2 的相对大小无关,因此,所有取向中,微裂纹表面有效剪切应力最大值为

$$\tau_{\max}^{d} = F(\theta_0)(\sigma_1 - \sigma_2) - \mu\sigma_2 - B\dot{\varepsilon} \tag{4.124}$$

式中,

$$F(\theta_0) = \sin\theta_0\cos\theta_0 - \mu\cos^2\theta_0 \tag{4.125}$$

因此,最先发生滑移、II 型扩展以及弯折扩展等变形演化的微裂纹取向都满足 $\theta = \theta_0$。由 4.2.4 节中推导的微裂纹发生各种扩展演化的条件可以求得不同荷载水平下混凝土中微裂纹的扩展演化规律。根据外荷载大小的不同,混凝土受压缩荷载时,微裂纹的扩展形态可以分为以下四种情况:

情况一

$$\sigma_1 < \left(\sqrt{\mu^2 + 1} + \mu\right)^2 \sigma_2 + B\dot{\varepsilon} \tag{4.126}$$

这时候微裂纹没有变形,对混凝土的应变不做贡献。

情况二

$$\left(\sqrt{\mu^2 + 1} + \mu\right)^2 \sigma_2 + B\dot{\varepsilon} \leqslant \sigma_1 < \frac{A_{13} + [F(\theta_0) + \mu]\sigma_2}{F(\theta_0)f(\dot{\varepsilon})} \tag{4.127}$$

式中,

$$A_{13} = \frac{(2-\nu)K_{\text{IIC}}^{\text{if}}}{4}\sqrt{\frac{\pi}{a_{0\max}}} \tag{4.128}$$

这时裂纹分布与扩展情况见表 4.5。

表 4.5　裂纹分布与扩展情况表(单压情况二)

状态	θ_{il}	θ_{ih}	a_{il}	a_{ih}	长度	状态
1	θ_{s1}	θ_{s2}	$a_{0\min}$	$a_{0\max}$	a	滑动

情况三

$$\frac{A_{13} + [F(\theta_0) + \mu]\sigma_2}{F(\theta_0)f(\dot{\varepsilon})} \leqslant \sigma_1 < \frac{A_{14} + [F(\theta_0) + \mu]\sigma_2}{F(\theta_0)f(\dot{\varepsilon})} \tag{4.129}$$

式中,

$$A_{14} = \frac{\sqrt{3}(2-\nu)K_{\text{ICC}}}{8}\sqrt{\frac{\pi}{a_{0\max}}} \tag{4.130}$$

这时裂纹分布与扩展情况见表 4.6。

表 4.6　裂纹分布与扩展情况表（单压情况三）

状态	θ_{il}	θ_{ih}	a_{il}	a_{ih}	长度	状态
1	θ_{s1}	θ_{u1}	a_{0min}	a_{0max}	a	滑动
2	θ_{u1}	θ_{u2}	a_{0min}	$a_c(\theta)$	a	滑动
3	θ_{u1}	θ_{u2}	$a_c(\theta)$	a_{0max}	a/ρ	Ⅱ型开裂
4	θ_{s1}	θ_{s2}	a_{0min}	a_{0max}	a	滑动

表 4.6 中 $a_c(\theta)$ 满足

$$a_c(\theta) = \frac{\pi}{16}\left[\frac{(2-\nu)K_{\mathrm{ⅡC}}^{\mathrm{if}}}{G(\theta)}\right]^2 \tag{4.131}$$

式中，

$$G(\theta) = F(\theta)\left[\sigma_1 f(\dot{\varepsilon}) - \sigma_2\right] - \mu\sigma_2 \tag{4.132}$$

情况四

$$\sigma_1 > \frac{A_{16} + \left[F(\theta_0)+\mu\right]\sigma_2}{F(\theta_0)f(\dot{\varepsilon})} \tag{4.133}$$

这时候裂纹分布与扩展情况见表 4.7。

表 4.7　裂纹分布与扩展情况表（单压情况四）

状态	θ_{il}	θ_{ih}	a_{il}	a_{ih}	长度	状态
1	θ_{s1}	θ_{u1}	a_{0min}	a_{0max}	a	滑动
2	θ_{u1}	θ_{k1}	a_{0min}	$a_c(\theta)$	a	滑动
3	θ_{u1}	θ_{k1}	$a_c(\theta)$	a_{0max}	a/ρ	Ⅱ型开裂
4	θ_{k1}	θ_{k2}	$a_c(\theta)$	$a_k(\theta)$	a/ρ	Ⅱ型开裂
5	θ_{k1}	θ_{k2}	a_{0min}	$a_c(\theta)$	a	滑动
6	θ_{k1}	θ_{k2}	$a_k(\theta)$	a_{0max}	a/ρ	弯折
7	θ_{k2}	θ_{u2}	$a_c(\theta)$	a_{0max}	a/ρ	Ⅱ型开裂
8	θ_{k2}	θ_{u2}	a_{0min}	$a_c(\theta)$	a	滑动
9	θ_{u2}	θ_{s2}	a_{0min}	a_{0max}	a	滑动

表 4.7 中 $a_k(\theta)$ 满足

$$a_k(\theta) = \frac{\sqrt{3}}{32}\pi\left[\frac{(2-\nu)K_{\mathrm{ⅡC}}}{G(\theta)}\right]^2 \tag{4.134}$$

为更直观地反映混凝土中各个取向微裂纹在荷载下的变形演化规律，可以将压缩荷载下混凝土中微裂纹状态与分布角度关系用图 4.17 表示。

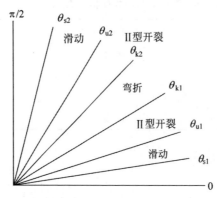

图 4.17　压缩荷载下混凝土中微裂纹状态与分布角度关系图

4.3　动力荷载下混凝土的应力-应变关系

上面已经考虑了混凝土中微裂纹的张开、闭合、摩擦滑移、Ⅱ型自相似扩展以及弯折扩展等细观损伤机理,于是在外荷载作用下,存在多种微裂纹损伤状态,混凝土材料的整体应变为基体的弹性应变和混凝土中微裂纹引起的非弹性应变之和:

$$\boldsymbol{\varepsilon} = \boldsymbol{\varepsilon}^0 + \boldsymbol{\varepsilon}^*$$

（4.135）

4.3.1　混凝土受单轴拉伸

设混凝土材料承受单轴拉伸应力,根据前几节的分析计算即可得到单轴拉伸时混凝土材料的动力应力-应变关系。参考 Ju 和 Lee[2] 采用的材料试验参数和第 2 章中计算的动力荷载下的混凝土强度增强系数,模型的输入参数见表 4.8,求得混凝土在单轴拉伸荷载下的动力应力-应变关系(图 4.18),并与文献[20]的试验结果进行了比较。

表 4.8　混凝土单拉模型输入参数

输 入 参 数	符　号	取　值
界面Ⅰ型断裂韧度	$K_{\mathrm{I}C}^{\mathrm{if}}$	$0.115\mathrm{MN/m}^{3/2}$
界面Ⅱ型断裂韧度	$K_{\mathrm{II}C}^{\mathrm{if}}$	$0.23\mathrm{MN/m}^{3/2}$
基体弹性模量	E	$4.2\times10^4\mathrm{MPa}$
泊松比	ν	0.167
裂纹最小半径	$a_{0\mathrm{min}}$	3.7mm
裂纹最大半径	$a_{0\mathrm{max}}$	13.5mm
微裂纹密度	n_c	$2.3\times10^6\mathrm{m}^{-3}$
微裂纹与骨料长度比	ρ	0.6

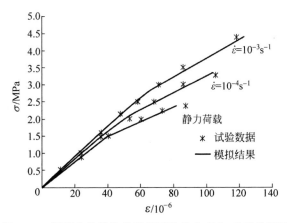

图 4.18 混凝土单轴拉伸荷载下的动力应力-应变关系图

4.3.2 混凝土受单轴压缩

设混凝土材料承受单轴压缩应力,则 $\sigma_2=0$,根据前几节的分析计算即可得到单轴压缩时混凝土材料的动力应力-应变关系。参考 Ju 和 Lee[2] 采用的材料试验参数和第 3 章中计算的动力荷载下混凝土强度增强系数,模型的输入参数如表 4.9 所示。计算得到了轴向应变 ε_{22}、侧向应变 ε_{11} 随外加应力变化的关系,如图 4.19 实线所示,并与文献[21]结果进行了比较。

表 4.9 混凝土单压模型输入参数

输 入 参 数	符 号	取 值
界面 I 型断裂韧度	$K_{\text{I C}}^{\text{if}}$	$0.075\text{MN/m}^{3/2}$
界面 II 型断裂韧度	$K_{\text{II C}}^{\text{if}}$	$0.15\text{MN/m}^{3/2}$
砂浆 I 型断裂韧度	$K_{\text{I CC}}$	$0.225\text{MN/m}^{3/2}$
基体弹性模量	E	$3.5\times10^4\text{MPa}$
泊松比	ν	0.167
裂纹最小半径	$a_{0\min}$	4.9mm
裂纹最大半径	$a_{0\max}$	18.1mm
微裂纹密度	n_{c}	$1.8\times10^6\text{ m}^{-3}$
微裂纹与骨料长度比	ρ	0.6

由图 4.18 和图 4.19 可以看出,本章提出的模型能够较好地反映混凝土在单轴拉压下的动力应力-应变关系。但在较高荷载下本章的模型误差较大,这可能是由于本章中忽略了微裂纹间的相互作用;并且在较高的荷载下(接近破坏时),混凝土中微裂纹会发生串接进而形成宏观裂纹,现有的细观力学模型还不能反映这时候混凝土的损伤演化规律。

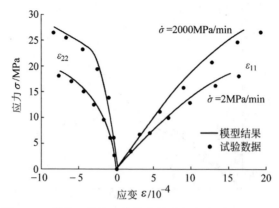

图 4.19   混凝土单轴压缩荷载的动力应力-应变关系图

4.4   小结

(1)本章分析了湿态混凝土中自由水及裂纹、孔隙因素对材料内部变形性的影响规律,考虑了动力荷载下自由水对微裂纹变形的影响,建立了干燥和饱和混凝土的弹性模量计算模型。

(2)本章根据混凝土受拉、受压裂纹的开裂、扩展规律,探讨了裂纹在不同荷载下的分布规律,计算了不同阶段微裂纹变形对柔度张量的贡献,通过分析动力荷载下自由水黏聚力对微裂纹变形的影响,得到了饱和、干燥混凝土在动力拉伸和压缩荷载下的本构模型。

(3)本章建立的模型主要以单个控制裂纹为研究对象,在细观结构的基础之上,对裂纹的形成、扩展直至试件的破坏机理进行了较好的解释,但是对于裂纹随机分布的混凝土材料来说,还应该考虑混凝土裂纹之间的相互作用对应力强度因子的影响。同时由于目前试验手段和试验测试上的一些问题,要从细观上对混凝土的强度等进行十分准确的量化还较为困难,但是其中的一些参数可以通过宏观试验来标定。

参考文献

［1］ HORRI H,NEMAT-NASSER S. Overall moduli of solids with microcracks,load-induced anisotropy［J］. Journal of the Mechanics and Physics of Solids,1983,155-171.

［2］ JU J W,LEE X. Micromechanical damage models for brittle materials Ⅰ: tensile loadings ［J］. Journal of Engineering Mechanics,1991,117: 1495-1514.

［3］ YAMAN I O,HEARN N,AKTAN H M. Active and non-active porosity in concrete Part Ⅰ: Experimental evidence［J］. Material and Structure,2002,35(3): 102-109.

［4］ YAMAN I O,HEARN N,AKTAN H M. Active and non-active porosity in concrete Part

Ⅱ：Evaluation of existing models[J]. Material and Structure,2002,35(3)：110-116.

[5] BJERKEI L,JENSEN J L, LENSCHOW R. Strain development and static compressive strength of concrete exposed to water pressure loading[J]. ACI Structure Journal,1993, May-June：310-315.

[6] SIMEONOV P,AHMAD S. Effect of transition zone on the elastic behavior of cement-based composites[J]. Cement and Concrete Research,1995,25：165-176.

[7] ZHAO X H,CHEN W F. Effective elastic moduli of concrete with interface layer[J]. Computer & Structures,1998,66(2-3)：275-288.

[8] 杜善义,王彪.复合材料细观力学[M].北京：科学出版社,1998.

[9] 王海龙,李庆斌.饱和混凝土的弹性模量预测[J].清华大学学报(自然科学版),2005, 45(6)：761-763,775.

[10] QIU Y P,WENG G J. On the application of Mori-Tanaka's theory involving transversely isotropic spherical inclusions [J]. International Journal of Engineering Science, 1990, 28(11)：1121-1137.

[11] SPURK J H. Fluid mechanics[M]. Berlin Heidelberg：Springer-Verlag,1997.

[12] STREETER V L,WYLIE E B, BEDFORD K W. Fluid mechanics [M]. McGraw-Hill Companied,Inc. 1998.

[13] HORRI H, NEMAT-NASSER S. Brittle failure in compression：splitting faulting and brittle-ductile transition[J]. Philosophical Transactions of the Royal Society,1986,319：337-374.

[14] 冯西桥,余寿文.脆性材料细观损伤力学[M].北京：高等教育出版社,1995.

[15] KRAJCINOVIC D,FANELLA D. A micromechanical damage model for concrete[J]. Engineering Fracture Mechanics,1986,25(5/6)：585-596.

[16] JU J W. On two-dimensional self-consistent micromechanical damage models for brittle solids[J]. International Journal of Solids and Structures,1991,27(2)：227-258.

[17] HONIG A. The behavior of a flat elliptical crack on an anisotropic elastic body[J]. International Journal of Solids and Structures,1978,14：925-934.

[18] TADA H. The stress analysis of cracks handbook[M]. Helltown：Del Research,1973.

[19] FANELLA D,KRAJCINOVIC D. A micromechanical model for concrete in compression[J]. Engneering Fracture Mechanics,1988,29(1)：49-66.

[20] BROOKS J J, SAMARLE N H. Influence of rate of stressing on tensile stress-strain behaviour of concrete//Fracture of Concrete and Rock：Recent Development[M]. Elsevier Science Publisher,1989.

[21] 吕培印.混凝土单轴、双轴动态强度和变形试验研究[D].大连：大连理工大学.2001.

第5章
CHAPTER 5

真实水荷载作用下的
混凝土性能研究

混凝土结构(如大坝、桥墩、近海结构物、海上采油平台等)经常在水环境中工作,此时的混凝土多处于饱和状态。同时,在水环境中工作的混凝土结构服役期也会承受各种动力荷载,如地震、动水压力等[1]的影响。混凝土特别是水工混凝土在水环境中的静动态特性研究的重要性显得尤为突出。在动力荷载和水压力的共同作用下,外界水会发生迁移,与混凝土内部的水分相互作用,此时混凝土的破坏模式和机理与在空气环境中工作有很大区别,需要在设计中加以考虑。

在实际工程中,对混凝土内水的作用考虑不多,在设计中也很少考虑水对混凝土性能的影响。研究真实水荷载作用下混凝土动力性能,为真实水环境中混凝土的动力结构设计提供合理参数尤为重要。

5.1 干燥与饱和混凝土的三轴性能试验研究

本章首先进行干燥与饱和混凝土在动力荷载下的三轴性能试验研究,分析混凝土内部孔隙水在三轴荷载下的演化规律以及对混凝土破坏模式和强度的影响规律。

5.1.1 干燥与饱和混凝土三轴压缩试验方法

1. 试验设备

干燥与饱和混凝土的三轴压缩试验在清华大学大型多功能静动三轴试验机上进行,试验机装置如图5.1所示,由液压驱动,最大轴向静力荷载为2000kN,最大围压为10MPa。试验机具有在初始拉、压应力条件下对试件施加三维静、动力荷载的能力。在试验过程中,加载模式可采用位移控制、应力控制、应变控制及过程中的相互切换。试验机系统主要由四部分组成：三轴压缩试验装置、围压控制系统、孔隙压力控制和测量系统、计算机控制和采集系统，如图 5.2 所示。

图 5.1 大型多功能静动三轴试验机

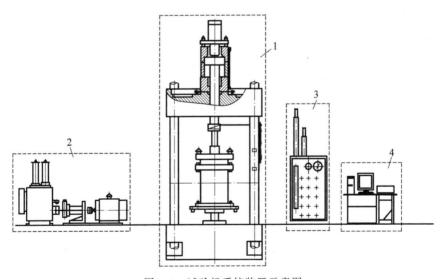

图 5.2 试验机系统装置示意图

1—三轴压缩试验装置；2—围压控制系统；3—孔隙压力控制和测量系统；4—计算机控制和采集系统

试验机的轴向荷载由三轴压力室的加载活塞杆传递到试样上，如图 5.3 所示。压力室充满水，然后由油泵推动侧向水缸施加围压。试验过程中，围压、轴向荷载和轴向位移由计算机自动采集，位移测量采用 ±25mm 量程的线性位移传感器。

混凝土试件的位移量可由测得的轴向位移扣除试验机的刚性位移修正得到。在加载过程中,围压和加载速率的控制都很稳定,保证了试验结果的准确性。

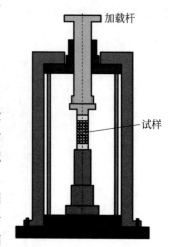

图 5.3　三轴压力室截面示意图

2. 试样制备

试验采用圆柱体混凝土试件,直径为 100mm,高为 200mm,混凝土的设计强度为 20MPa。试验采用的材料为 32.5 号硅酸盐水泥、中砂和石子,骨料最大粒径为 20mm。混凝土的水灰比为 0.55,配合比为水∶水泥∶砂子∶石子 = 163∶296∶709∶1261(kg/m^3)。所用的拌和水为自来水。用美国 PVC 标准试模成型,振动台振捣密实。试样 24h 后脱模,一部分试件一直浸泡于室内静水池中养护,用于饱和混凝土试验,另一部分放置于室内干燥环境,自然养护,用于干燥混凝土试验。试验前未采用其他干燥措施,所以试验中的干燥混凝土为天然干燥状态。下面提到的干燥混凝土皆指此批混凝土。由标准养护立方体试件得到标准养护 28d 的抗压强度为 28.2MPa。

3. 试验过程

试验包括单轴压缩和三轴压缩试验。试验前,预先将混凝土试件两端面切割、磨平。单轴压缩试验过程与步骤:①将试件放置于承压板上,保证精确居中;②通过计算机终端控制,以设定的速度施加到设定的荷载值(约 50kN),然后卸载,反复三次预压,最终将荷载保持在预压值(约 10kN);③以设定的恒定加载速率开始加载,加载方式采用应变加载,当试件完全破坏后停止试验。

三轴动态压缩试验和传统的三轴试验方法相同。试验前,将混凝土试件两端面切割、磨平。将混凝土试件套上一层厚 2.0mm 的乳胶膜,直径与试件相同,然后再套一层 0.4mm 厚的防水乳胶膜。试样上、下两端面放置钢承载垫块,用胶带将乳胶膜绑紧于垫块上,以防止水进入试件内。此时,可将水压力提供的围压作用方式称为机械围压。本次试验由于试验条件限制和考虑混凝土坝所承受的实际水压,试验使用的围压确定为:0MPa、2.0MPa、4.0MPa、6.0MPa 和 8.0MPa;其中,0MPa 为单轴加载情况。加载应变率量级为 10^{-5} s^{-1}、10^{-3} s^{-1} 和 10^{-2} s^{-1}。三轴试验在试件安装居中后,按照单轴加载的方法先轴向反复预压,接着压力室内加满水再施加预定的静水围压,然后轴向以恒定的应变率控制,持续施加轴向荷载。当应力达到稳定残余强度时终止试验,以防止试样变形过大,外层防水膜被过度撑开而被高压水击穿。三轴压缩试验的应力路径如图 5.4 所示。每种条件下试验 3 个试件,当数据离散性较大时,相应增加试件数据。

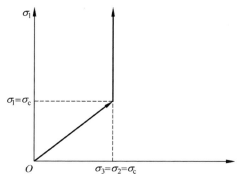

图 5.4　三轴压缩试验应力路径示意图

单轴试验的混凝土龄期为(430 ± 20)d，三轴试验中混凝土的龄期为(1050 ± 50)d。由于龄期较长，可认为混凝土强度发展基本趋于稳定，可以忽略试验过程中龄期对强度的影响。在水中养护的混凝土，其浸泡的时间足够长，可认为混凝土已达饱和状态。

5.1.2　混凝土单轴抗压性能

考虑到地震荷载下结构响应的应变率范围为$10^{-4}\sim10^{-2}\,\mathrm{s}^{-1}$，并由于试验材料限制，单轴抗压试验进行了$10^{-5}\,\mathrm{s}^{-1}$和$10^{-3}\,\mathrm{s}^{-1}$这两个量级的应变率加载，并取$10^{-5}\,\mathrm{s}^{-1}$为准静态应变率。

1. 干燥混凝土单轴抗压性能

试验得到的干燥混凝土的单轴压缩应力-应变关系曲线见图5.5。从图中可以看出，不同应变率下，混凝土的应力-应变曲线具有相似性，除了强度的差别外，曲线的峰前段和峰后段基本趋于一致。

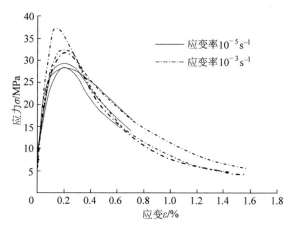

图 5.5　干燥混凝土的单轴压缩应力-应变曲线

取应力-应变曲线上达到强度 30% 时的割线斜率作为混凝土的弹性模量,混凝土应力-应变曲线上峰值应力对应处的应变值为峰值应变。不同应变率下干燥混凝土的动态抗压强度、弹性模量和峰值应变试验值见表 5.1。

表 5.1 不同应变率下干燥混凝土的力学特性

试件编号	抗压强度/MPa		弹性模量/GPa		峰值应变/$\mu\varepsilon$	
	$10^{-5}\,\mathrm{s}^{-1}$	$10^{-3}\,\mathrm{s}^{-1}$	$10^{-5}\,\mathrm{s}^{-1}$	$10^{-3}\,\mathrm{s}^{-1}$	$10^{-5}\,\mathrm{s}^{-1}$	$10^{-3}\,\mathrm{s}^{-1}$
1	28.3	32.0	56.7	36.6	2032	2177
2	29.4	37.4	41.2	51.0	2180	1404*
3	28.3	32.6	37.6	39.2	2148	2026
平均	28.7	34.0	45.2	42.3	2120	2101

* 该值偏离平均值超过 15%,舍去,不计入平均值计算。

从表 5.1 中数据可以看出,干燥混凝土单轴抗压强度随着应变率的增加有明显的增加。以 $10^{-5}\,\mathrm{s}^{-1}$ 为准静态应变率,混凝土在 $10^{-3}\,\mathrm{s}^{-1}$ 应变率下的动态抗压强度较其准静态抗压强度提高 18.57%。从所得的结果来看,干燥混凝土的弹性模量在不同应变率下变化不大。应变率为 $10^{-3}\,\mathrm{s}^{-1}$ 的干燥混凝土的平均峰值应变比准静态值稍小 1% 左右。考虑到混凝土试验存在的误差,从试验结果可以看出应变率对混凝土峰值应变的大小影响不大,这与 Gary 等[2] 的试验结论吻合。

2. 饱和混凝土单轴抗压性能

试验得到的饱和混凝土的单轴压缩应力-应变曲线如图 5.6 所示。试验得到的饱和混凝土单轴静动态抗压强度、弹性模量和峰值应变的结果如表 5.2 所示。

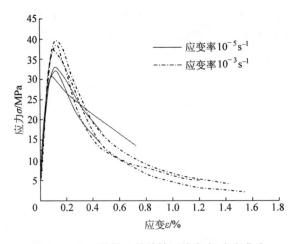

图 5.6 饱和混凝土的单轴压缩应力-应变曲线

表 5.2　不同应变率下饱和混凝土的力学特性

试件编号	抗压强度/MPa		弹性模量/GPa		峰值应变/$\mu\varepsilon$	
	$10^{-5}\,\mathrm{s}^{-1}$	$10^{-3}\,\mathrm{s}^{-1}$	$10^{-5}\,\mathrm{s}^{-1}$	$10^{-3}\,\mathrm{s}^{-1}$	$10^{-5}\,\mathrm{s}^{-1}$	$10^{-3}\,\mathrm{s}^{-1}$
1	32.9	37.8	59.0	56.3	1283	1193
2	30.7	40.1	59.5	53.5	956 *	1391
3	32.1	38.4	54.6	55.7	1184	1256
平均	31.9	38.8	57.7	55.2	1233	1280

* 该值偏离平均值超过 15%,舍去,不计入平均值计算。

从表 5.2 中数据可以看出,饱和混凝土单轴抗压强度随着应变率的增加有明显的增加趋势。以 $10^{-5}\,\mathrm{s}^{-1}$ 为准静态应变率,饱和混凝土在 $10^{-3}\,\mathrm{s}^{-1}$ 应变率下的动态抗压强度较其准静态抗压强度提高 22.4%。与干燥混凝土相比,饱和混凝土表现出较明显的应变率效应,与 Rossi 等[3] 和 Ross 等[4] 的研究结论相同。同时可以看出,饱和混凝土的弹性模量增大约 27.7%。混凝土内水的存在,将提高混凝土的刚度[5]。从表中还可以看到,不同应变率下的峰值应变变化不大,饱和混凝土的峰值应变比干燥混凝土在应变率 $10^{-5}\,\mathrm{s}^{-1}$ 时减小约 41.8%。

将不同应变率下干燥与饱和混凝土的强度、弹性模量和峰值应变平均值列于表 5.3 中,同时将其应力-应变典型曲线(三个试样的平均值)绘于图 5.7 中。

表 5.3　干燥与饱和混凝土力学性能参数对比

参　　数	干燥混凝土			饱和混凝土		
	$10^{-5}\,\mathrm{s}^{-1}$	$10^{-3}\,\mathrm{s}^{-1}$	比值	$10^{-5}\,\mathrm{s}^{-1}$	$10^{-3}\,\mathrm{s}^{-1}$	比值
抗压强度/MPa	28.7	34.0	1.18	31.9	38.8	1.22
弹性模量/GPa	45.2	42.3	0.94	57.7	55.2	0.96
峰值应变/10^{-6}	2120	2101	0.99	1233	1280	1.04

从图 5.7 和表 5.3 可以看出,饱和混凝土的弹性模量比干燥混凝土的大。在动力荷载下,混凝土的抗压强度有明显提高,饱和混凝土的提高更为明显。静动力荷载下,混凝土的弹性模量和峰值应变变化不明显。

3. 破坏模式及水的作用机理

动态加载下混凝土的破坏模式与静态加载下的破坏模式相近[6],单轴动态压缩试验也证明了这一点。饱和混凝土的破坏模式如图 5.8 所示,也与干燥混凝土的破坏模式相近。图 5.8(a)为饱和混凝土静态加载下的破坏模式,图 5.8(b)为同一试件从试验机取下,剥离已分裂的混凝土小块后的混凝土试件样式,呈现典型的双圆锥形。

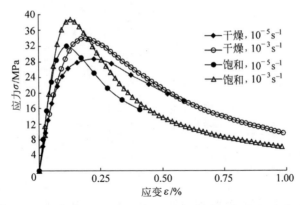

图 5.7 不同应变率下干燥与饱和混凝土单轴抗压应力-应变关系

(a)   (b)

图 5.8 饱和混凝土单轴压缩破坏典型模式

混凝土内水分通常包括化学结合水、层间水、吸附水和自由水等几种形态。化学结合水是水泥砂浆中以化合物形式存在的一部分水,在加热时不能挥发。层间水与 C-S-H 结果有关,当强烈干燥时才会蒸发。吸附水是由于物理吸附而附于固体表面的水分,当温度较高时将蒸发。自由水通常指的是存在于混凝土内的毛细孔和微裂纹中的水分,烘干时会蒸发。关于混凝土内水的存在对混凝土力学特性的影响,特别是静态强度的影响及其作用机理,许多研究者提出了不同的解释。Lima 等[7]对 20 世纪 90 年代前的观点进行了简要的总结,饱和混凝土强度降低的原因可能是:混凝土内的水减小了混凝土的内摩擦系数[8];吸附水增加了固体凝胶颗粒之间的距离,导致颗粒之间的黏结消失[9];水的存在,减小了范德华力的有效吸力[10]。王海龙[11]基于线弹性断裂力学,将裂纹内的孔隙水压力作为外加作用力,得出当混凝土内孔隙水压力发展时,将提高裂纹尖端的应力集中,相当于楔入作用,加速裂纹的扩展,导致饱和混凝土强度减小。

如果将混凝土看成由混凝土固体和孔隙(包括孔洞和裂隙)组成的两相介质,并将作用于固体的各种细观力总结为孔隙力,混凝土强度的影响可归结为孔隙力的变化所引起的。那么以上解释中的几种因素,从宏观上可归结为孔隙力的作用,可根据宏观的试验结果反算得到。当孔隙力产生压效应或拉效应时,混凝土的强度将相应地减小或增大。

5.1.3　混凝土三轴抗压性能

1. 动力荷载下干燥混凝土三轴抗压性能

表5.4显示了干燥混凝土在机械围压下静、动三轴压缩的典型破坏模式。在不同围压下,混凝土试件的破坏和常规单轴试验的混合破坏模式相似,试件随着多条垂直裂缝和斜裂缝的扩展而发生剪切破坏,剪切带明显,较高围压时,试件中部鼓出较为明显。破坏模式与已有文献中的低围压三轴压缩试验现象吻合。在高应变率下的破坏模式与静态时基本相同,与Fujikake等[12]的试验结论相符。快速加载条件下的剪切面较平滑,且剪切面骨料剪断较多。在不同条件下的破坏剪切滑移面与水平面的夹角约为60°,与加载速率和荷载作用方式基本无关。

表5.4　干燥混凝土在机械围压下的破坏模式

围压/MPa	4		8	
应变率/s^{-1}	10^{-5}	10^{-2}	10^{-5}	10^{-2}
破坏模式	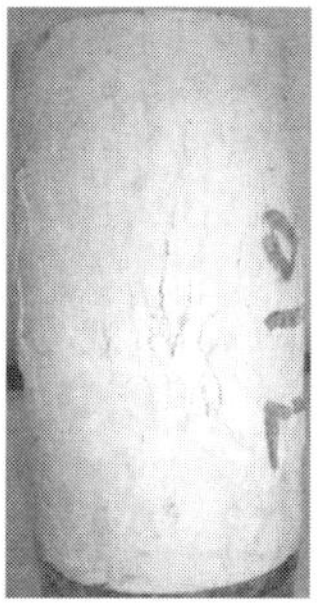	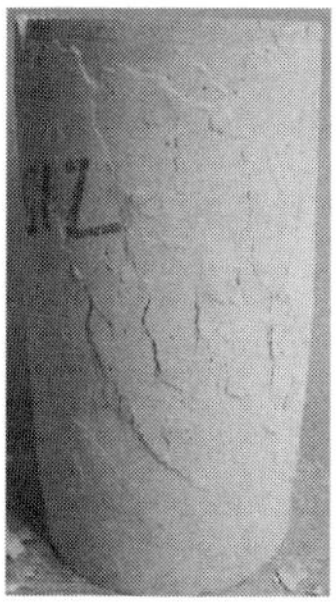	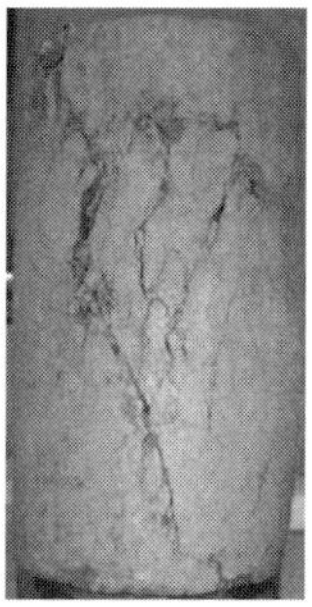	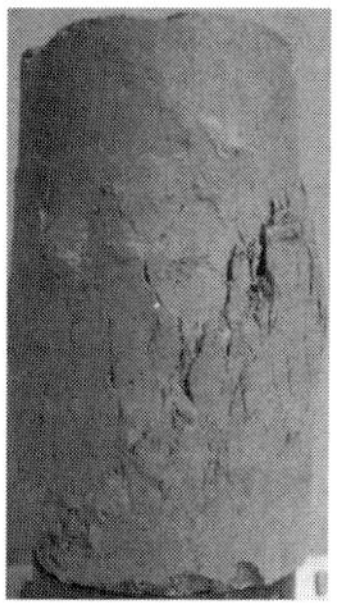

本次试验得到的干燥混凝土三轴静动抗压强度见表5.5,表中的强度为试验过程中的峰值荷载除以试样初始截面面积得到的名义总应力强度。需要说明的是,因为干燥试样数目不足,干燥混凝土未进行围压6MPa的试验,且围压8MPa下的干燥试样在各应变率下只进行了一个试样的试验作为代表。

(1) 静态三轴抗压强度

静态三轴抗压强度平均值与围压的关系如图5.9所示,并将已有的一些经验公式和典型试验结果[12-14]也绘于图中进行对比。

表 5.5　干燥混凝土强度试验结果　　　　　　　　　　　　MPa

围压 /MPa	试件	应变率/s^{-1}			围压 /MPa	试件	应变率/s^{-1}		
		10^{-5}	10^{-3}	10^{-2}			10^{-5}	10^{-3}	10^{-2}
0	1	28.3	32.0	—	4	1	62.5	59.8	60.1
	2	29.4	37.4	—		2	57.1	56.7	65.8
	3	28.3	32.6	—		3	51.9	56.9	58.8
	均值	28.7	34.0	—		均值	57.1	57.8	61.6
2	1	36.1	40.0	47.1	8	1	70.8	77.8	79.3
	2	43.3	40.4	39.1		2	—	—	—
	3	40.7	43.7	43.1		3	—	—	—
	均值	40.0	41.4	43.1		均值	70.8	77.8	79.3

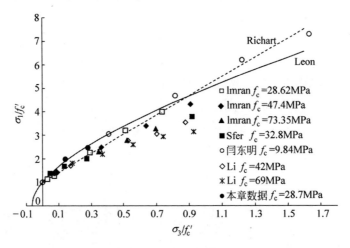

图 5.9　机械围压下混凝土的静态三轴抗压强度

Richart 等[15]认为,普通混凝土的三轴抗压强度与围压的关系可以用线性关系式来表示:

$$\frac{\sigma_1}{f_c'} = 1 + 4.1\frac{\sigma_3}{f_c'} \tag{5.1}$$

式中,σ_3 为围压;f_c' 为混凝土单轴抗压强度;σ_1 为混凝土轴向抗压强度。

Leon 模型(Pramono 等[16])结合了 Mohr-Coulomb 准则的基本特性和拉断条件,简单实用,常用于确定混凝土、岩石等的强度准则,其表达式为

$$f(\sigma_1,\sigma_3) = \left(\frac{\sigma_1 - \sigma_3}{f_c'}\right)^2 - \left(\frac{1-h^2}{h}\right)\left(\frac{\sigma_3}{f_c'}\right) - 1 = 0 \tag{5.2}$$

式中,$h = f_t/f_c'$,表示静态加载下的单轴拉压强度比。

图 5.9 显示在本次试验的围压范围内,混凝土强度比 Richart 等[15]的预测值稍大,但与闫东明[6]和其他研究人员的试验结果相近。对试验数据进行 Leon 强

度准则回归,得到参数 $h=0.067$, $R^2=0.913$。Fujikake 等[12] 建议 $h=0.08$,而 Pramono 等[16] 建议 $h=0.071$。将回归得到的强度准则也绘于图 5.9 中,如图中实线所示,可以看到与试验数据吻合很好。

(2)动力荷载下三轴抗压强度

试验得到的干燥混凝土在围压和动力荷载下的平均三轴抗压强度如图 5.10 所示,图中也绘出了闫东明[6]、Fujikake 等[12] 的试验结果进行对比。将图 5.10 中的低围压部分放大,如图 5.11 所示。

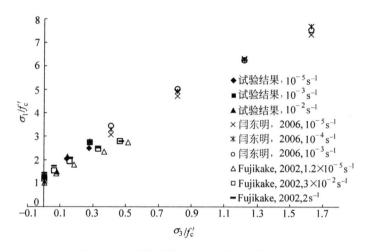

图 5.10 干燥混凝土的动三轴抗压强度图

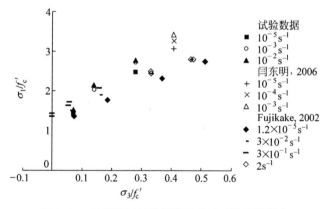

图 5.11 低围压下干燥混凝土的动三轴抗压强度

由 5.10 和图 5.11 可以看出,本章试验结果与闫东明的试验结果规律性较为一致,而 Fujikake 等[12] 的试验应变率较大,且由于试验设备的限制围压控制较难,强度结果偏低。从试验结果可以得到,在不同围压下,混凝土的强度随着应变率的增大而增大,但差别不明显,例如围压 2MPa,应变率 $10^{-2}\mathrm{s}^{-1}$ 下的强度较

$10^{-5}\,\mathrm{s}^{-1}$ 下的强度增长 7.75%,而围压 4MPa 和 8MPa 下分别增长 7.88% 和 12.0%。闫东明[6] 和 Fujikake 等[12] 的试验结果都表明,随着围压的增大,混凝土强度的应变率效应逐渐减小。闫东明[6] 认为,当围压水平超过混凝土的单轴抗压强度时,基本可以忽略强度的应变率效应。试验的围压水平较低,未能得到同样的结论,但一般可认为应变率效应不仅是应变率的函数,也是围压的函数。

不同围压下,混凝土在动力荷载下的强度增强因子见表 5.6。当围压小于 4MPa 时,随着围压增大,强度增强系数减小,表明率效应降低,但在 8MPa 时,率效应明显增大,可能的原因是该工况只进行了一个试样的试验,试验数据离散造成的。

表 5.6　干燥混凝土在动力荷载下的强度增强系数

围压/MPa	强度增强系数		
	10^{-5}	10^{-3}	10^{-2}
0	1	1.18	—
2	1	1.04	1.08
4	1	1.01	1.08
8	1	1.24	1.12

(3) 混凝土在动力荷载下的单轴应力-应变特性

为了检验是否存在类似 Fujikake 等[12,17,18] 在试验过程中出现的随着应变的增加围压逐渐减小的现象,将试验过程中的变形控制和围压控制随时间的关系绘于图 5.12 和图 5.13 中。从图中可以看出,加载速率和围压的控制都是很稳定的。

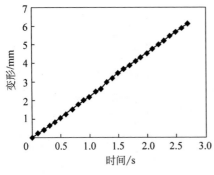

图 5.12　变形与时间的过程曲线

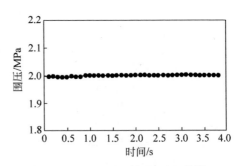

图 5.13　围压与时间的过程曲线

图 5.14~图 5.16 给出了不同围压、不同应变率下的干燥混凝土三轴抗压强度的轴向应力-应变曲线。由于本次试验正式加载过程是从给定围压值开始的,所以应力-应变关系的真正起始点并非从零点开始,因而图中给出的轴向应力是轴向应力增量(偏应力)。

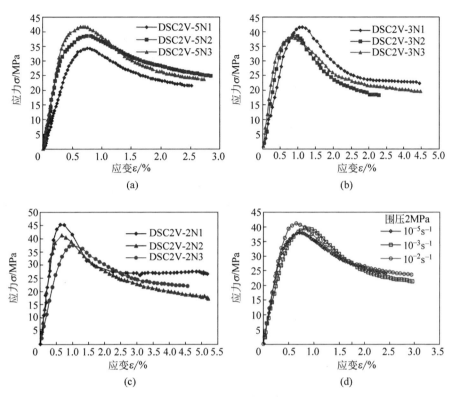

图 5.14　围压 2MPa 不同应变率下的应力-应变曲线

(a) $10^{-5}\,\mathrm{s}^{-1}$；(b) $10^{-3}\,\mathrm{s}^{-1}$；(c) $10^{-2}\,\mathrm{s}^{-1}$；(d) 典型应力-应变曲线

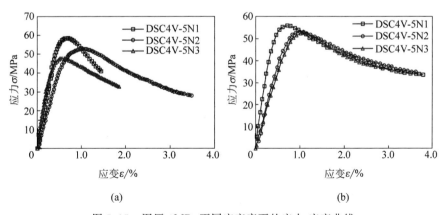

图 5.15　围压 4MPa 不同应变率下的应力-应变曲线

(a) $10^{-5}\,\mathrm{s}^{-1}$；(b) $10^{-3}\,\mathrm{s}^{-1}$；(c) $10^{-2}\,\mathrm{s}^{-1}$；(d) 典型应力-应变曲线

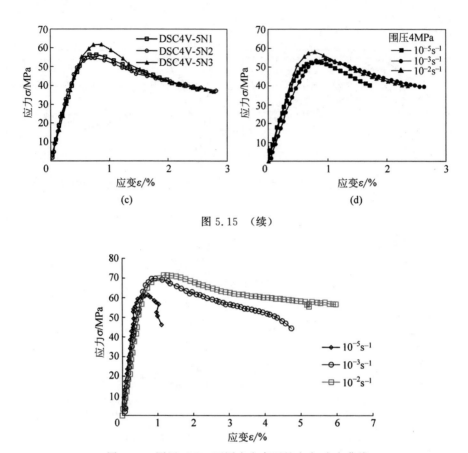

图 5.15　（续）

图 5.16　围压 8MPa 不同应变率下的应力-应变曲线

从图 5.14～图 5.16 可以看出,相同围压下,随着应变率的提高,混凝土的强度也随着提高,但初始弹性模量变化不大,峰值应变有增大的趋势,但变化不大。图 5.14 和图 5.15 显示,不同应变率下的残余强度趋于一致,说明动态加载情况下的残余强度只与围压有关。

图 5.17 和图 5.18 分别为干燥混凝土在应变率为 10^{-3} s^{-1} 和 10^{-2} s^{-1} 时不同围压下的应力-应变曲线。随着围压的增大,应力-应变曲线的初始切线斜率有少量增加,变化量不大,但强度显著增加,峰值应变有明显增加,且曲线下降段明显趋于平缓,表明了材料的延性增强。试验结果表明,在较高应变率下,围压效应仍然明显,与静态加载下效应类似。

2. 动力荷载下饱和混凝土三轴抗压性能

1）饱和混凝土在动力荷载下的破坏模式

表 5.7 列出了饱和混凝土在不同机械围压下典型静、动三轴压缩的破坏模式。

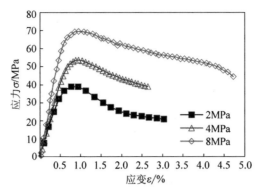

图 5.17 应变率 $10^{-3}\,\mathrm{s}^{-1}$ 下混凝土应力-应变曲线

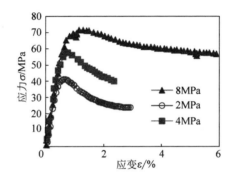

图 5.18 应变率 $10^{-2}\,\mathrm{s}^{-1}$ 下混凝土应力-应变关系

表 5.7 饱和混凝土在机械围压下的破坏模式

围压/MPa	4		8	
应变率/s^{-1}	10^{-5}	10^{-2}	10^{-5}	10^{-2}
破坏模式				

从表 5.7 可以看出,与干燥混凝土相比,饱和混凝土试件的破坏模式没有显著的区别,试件随着多条垂直裂缝和斜裂缝的扩展而发生剪切破坏,剪切带明显,较高围压时,试件中部鼓出较为明显。但总体来说,分布的细裂纹较少。在高应变率

下的破坏模式也与静态时基本相同,但剪切面较为平整,骨料破碎也较多。在不同围压下的破坏剪切滑移面与水平面的夹角同干燥混凝土相近,为 $60°\sim65°$,与加载速率和荷载作用方式基本无关。

2) 饱和混凝土在动力荷载下的多轴强度特性

本章进行了饱和混凝土的三轴动态抗压强度试验,得到的结果见表 5.8。将得到的机械围压下的饱和混凝土静态三轴强度以及干燥混凝土静态三轴强度绘于图 5.19 中,并将平均强度与 Imran 等[5] 的干燥与饱和混凝土三轴抗压强度绘于图 5.20 中。

表 5.8　饱和混凝土三轴动态抗压强度试验结果　　　　MPa

围压/MPa	试件	应变率/s^{-1}			围压/MPa	试件	应变率/s^{-1}		
		10^{-5}	10^{-3}	10^{-2}			10^{-5}	10^{-3}	10^{-2}
0	1	32.9	37.8	—	4	3	53.6	54.8	52.4
	2	30.7	40.1	—		均值	51.8	53.2	55.6
	3	32.1	38.4	—	6	1	63.8	68.1	73.1
	均值	31.9	38.8			2	62.8	68.5	67.0
2	1	36.4	41.2	45.1		3	68.6	64.2	68.9
	2	34.9	40.8	39.2		均值	64.7	66.9	69.7
	3	38.5	41.9	43.7	8	1	70.4	78.2	76.3
	均值	36.6	41.3	42.7		2	46.1*	75.3	81.8
4	1	50.7	52.8	60.2		3	76.2	76.5	78.5
	2	52.1	52.0	54.1		均值	73.3	76.7	78.9

* 该值偏离平均值超过 15%,舍弃该值,用剩余的两数值计算平均值。

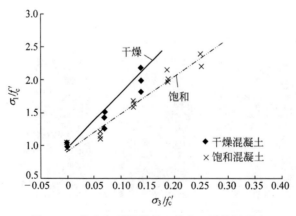

图 5.19　饱和与干燥混凝土静态三轴抗压强度

由图 5.20 可以看出,不论是干燥混凝土还是饱和混凝土,随着围压的增大,混凝土的强度都有显著的提高。从图 5.20 中 Imran 的试验结果可以看出,围压对干

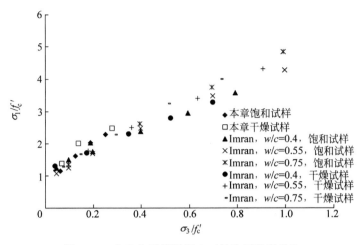

图 5.20 饱和与干燥混凝土三轴抗压强度对比

燥混凝土抗压强度的增强效应比饱和混凝土大。从表 5.5 和表 5.8 的对比可以看出：饱和混凝土因为养护条件的不同，虽然单轴抗压强度较大，但在围压作用下的强度比干燥混凝土小。可见，围压的效应较有利于干燥混凝土。

Richart 等[15]根据干燥混凝土三轴试验结果提出了一个经验性强度准则，见式(5.1)，假设混凝土强度与围压仍呈线性关系，可将式(5.1)改写为

$$\frac{\sigma_1}{f'_c} = 1.0 + a\frac{\sigma_3}{f'_c} \tag{5.3}$$

式中，a 为材料参数。Richart 等[15]由干燥混凝土试验得到 $a=4.1$。对试验数据和 Imran[5]文章中的 $w/c=0.5$ 的试验数据进行最小二乘法线性回归，得到 a 的值如表 5.9 所示。

表 5.9　静态强度经验准则参数 a

数　　据	a	R^2
Imran，$w/c=0.55$，饱和试样	3.39	0.994
Imran，$w/c=0.55$，干燥试样	3.75	0.996
饱和试样	5.17	0.953
干燥试样	6.01	0.913

式(5.3)的本质是 Mohr-Coulomb 准则。从 Mohr-Coulomb 准则中，我们可以得到混凝土三轴剪切面与材料摩擦角的关系，如果摩擦角为 φ，则破坏剪切面为 $45°+\varphi/2$。一般而言，混凝土摩擦角的范围为 $30°\sim40°$，则根据 Mohr-Coulomb 准则得

$$a = \frac{1+\sin\varphi}{1-\sin\varphi} \tag{5.4}$$

由式(5.4)可知,a 的范围为 $3\sim7.55$。表 5.9 中 a 值都在这个范围内。将回归的直线和试验数据绘于图 5.21 中。该试验围压水平较小,在低围压下,显示了较大的 a 值,反映出较强的围压效应,但仍比 Nielsen[19] 的双线性准则中 $a=8$ 小。

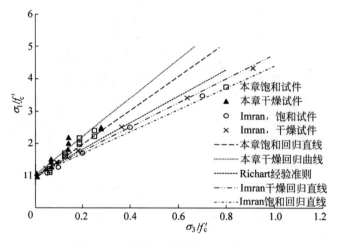

图 5.21   饱和与干燥混凝土强度对比

一般而言,混凝土的强度准则从干燥混凝土的试验结果推导得到,直接用于饱和混凝土。假设 Leon 准则适用于饱和混凝土,由试验得到的参数以及由 Imran 等[5] 试验得到的静态强度准则参数如表 5.10 所示,其中 h 为混凝土单轴抗拉和抗压强度比。

表 5.10   Leon 模型参数

数　据	h	R^2
Imran,$w/c=0.55$,饱和试样	0.110	0.994
Imran,$w/c=0.55$,干燥试样	0.093	0.996
Imran,$w/c=0.75$,饱和试样	0.083	0.982
Imran,$w/c=0.75$,干燥试样	0.083	0.988
Imran,$w/c=0.4$,饱和试样	0.124	0.997
Imran,$w/c=0.4$,干燥试样	0.122	0.995
饱和试样	0.087	0.953
干燥试样	0.067	0.913

由表 5.10 数据可以看出,饱和混凝土的拉压强度比普遍比干燥混凝土大。因此:

$$\frac{f_{td}}{f_{cd}} < \frac{f_{ts}}{f_{cs}} = \frac{f_{td}(1-\Delta_t)}{f_{cd}(1-\Delta_c)} \tag{5.5}$$

式中,f_{td}、f_{cd} 分别为干燥混凝土单轴拉、压强度;f_{ts}、f_{cs} 分别为饱和混凝土单轴拉、压强度;Δ_t、Δ_c 分别为饱和混凝土在拉、压情况下较干燥混凝土的强度降低相对量。由式(5.5)可以得到 $\Delta_t < \Delta_c$，即抗压强度的相对降低值比抗拉强度的相对降低值大，说明混凝土内水的效应在抗压情况下作用更明显。

图 5.22 显示的是静态试验数据和 Imran 的 $w/c = 0.55$ 的饱和、干燥混凝土试验数据以及相应的 Leon 回归曲线，对比说明 Leon 准则和试验数据吻合得很好。

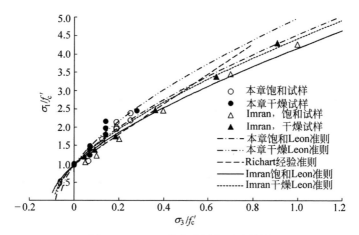

图 5.22　Leon 强度准则与试验结果

饱和混凝土的强度相对同围压下干燥混凝土的强度为低，对此，Imran 等[5]认为，饱和混凝土在加载过程中产生孔隙水压力，减小了混凝土的有效围压，并给出有效围压的表达式为

$$\sigma_3' = \sigma_3 - p\nu_{void} \tag{5.6}$$

式中，σ_3 为施加的名义围压；p 为混凝土试件体积收缩产生的孔隙压力；ν_{void} 为混凝土有效孔隙。为了简单估算有效围压，孔隙压力采用施加的侧压。实际上，孔隙压力与材料的体积变形相关，在混凝土压缩过程中，内部孔隙压力是一个逐渐增大的过程，并且在材料屈服或峰值后孔隙压力逐渐降低。因为混凝土的渗透性小，主动控制孔隙水压力的排水试验过程很难进行，试验也未测量孔隙水压力，因此定量确定孔隙水压力对强度的影响比较困难。

许多混凝土在潮湿环境中工作，因此，在工程实践中，我们常需要知道饱和混凝土的强度，但通常情况下，只有干燥混凝土的试验数据。那么，从干燥混凝土的试验结果来预测饱和混凝土的强度就显得尤为必要了。

混凝土可认为是孔隙材料[20]，孔隙材料的强度特性可用有效应力表述，有效应力只由固体材料来承受。假设广义有效应力原理适用于混凝土的强度和变形规律[21]，则混凝土的强度准则可改写为

$$f(I_1, J_2, p) = 0 \tag{5.7}$$

式中，p 为孔隙压力。那么，饱和混凝土的 Leon 强度准则可用式(5.8)表示：

$$f(\sigma_1, \sigma_3, p) = \left(\frac{\sigma_1 - \sigma_3}{f'_c}\right)^2 - \left(\frac{1 - h^2}{h}\right)\left(\frac{\sigma_3 - bp}{f'_c}\right) - 1 = 0 \qquad (5.8)$$

式中，f'_c 为干燥混凝土单轴抗压强度；h 为干燥混凝土单轴拉压强度比；b 为 Biot 有效应力系数。通常认为，在孔隙介质的弹性范围内，Biot 有效应力的定义比 Terzaghi 有效应力更合适，这一说法被普遍认可。Bart 等认为，当涉及破坏行为时，经典的 Terzaghi 有效应力概念可作为一个合理近似，但与试验结果对比，定量上离散较大，在试样高度损伤阶段较为接近。因此，在破坏时，可用 Terzaghi 有效应力概念，此时 Biot 有效应力系数 $b = 1$。

饱和混凝土内孔隙水压力的大小，与试件的体积变形相关。此外，在实验室内短历时的普通水泥浆或混凝土加载试验，因为渗透系数小，不能被认为完全排水，反而可假设为不排水条件。Heukamp 等[21] 和 Oshita 等[22] 测量了常规三轴压缩的混凝土内部孔隙压力的发展，最大孔隙压力达到平均应力的 15%。施加静水压力后，产生的孔隙压力基本等于围压。在混凝土屈服前，孔隙压力基本随应变线性增长。在不同的侧压下，偏孔隙压力的发展基本相同，峰前段的孔隙压力为正，峰后段孔隙压力为负。

由 Oshita 等[22] 的试验结果，假设孔隙压力可由下式确定：

$$p = r(\sigma_1 + 2\sigma_3)/3 \qquad (5.9)$$

式中，r 为孔隙压力与平均应力的比例系数，定义为孔隙压力系数。将式(5.9)代入强度准则式(5.8)中，得

$$f(\sigma_1, \sigma_3, p) = \left(\frac{\sigma_1 - \sigma_3}{f'_c}\right)^2 - \left(\frac{1 - h^2}{h}\right)\left[\frac{\sigma_3(1 - 2r/3) - r\sigma_1/3}{f'_c}\right] - 1 = 0$$

$$(5.10)$$

根据 Imran 的 $w/c = 0.55$ 的干燥混凝土试验数据，得到干燥混凝土的强度准则参数，并根据饱和混凝土数据拟合得到 $r = 0.116 (R^2 = 0.993)$。回归得到的曲线与试验数据对比如图 5.23 所示。同理，对 Imran 的 $w/c = 0.75$ 和 $w/c = 0.4$ 的结果进行对比，如图 5.24 和图 5.25 所示，对应的孔隙压力比例系数 r 分别为 0.148 和 0.0806(R^2 分别为 0.9860 和 0.9973)。

根据孔隙力学的定义，式(5.9)中的 r 类似于 Skempton 系数 B，但系数 r 仅反映了混凝土材料破坏时孔隙压力随应力变化的特性。根据 Ulm 等[20] 细观力学分析得到的结果，一般混凝土的 Skempton 系数 $B = 0.2 \sim 0.25$，比系数 r 大。本节得到的系数 r 略小于 Oshita 等[22] 试验中得到的孔隙压力与平均应力的比值 15%。系数 r 也反映了材料的微观孔隙特性，属于材料的固有属性。系数 r 与混凝土的水灰比的关系可用图 5.26 表示。从图中可以看出，系数 r 与混凝土的水灰比具有良好的线性关系($R^2 = 0.9876$)。

根据上面的分析可知，孔隙压力系数 r 可以用于近似估算饱和混凝土的强度。

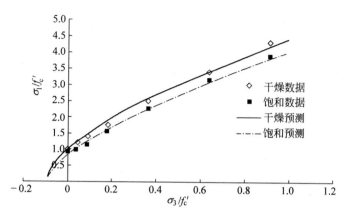

图 5.23　饱和混凝土强度预测，$w/c=0.55$

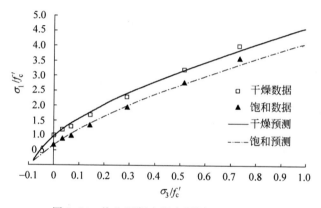

图 5.24　饱和混凝土强度预测，$w/c=0.75$

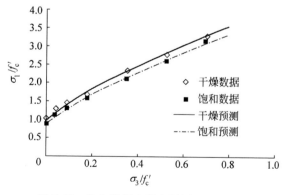

图 5.25　饱和混凝土强度预测，$w/c=0.4$

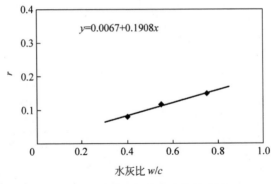

图 5.26　系数 r 与水灰比的关系图

系数 r 的值可由图 5.26 中的关系式确定。从孔隙压力的发展规律看，系数 r 也与混凝土材料的强度、孔隙率等特性有关，具体规律有待进一步研究。

3. 饱和混凝土在动力荷载下的三轴强度

图 5.27 为不同围压和动力荷载下的饱和混凝土抗压强度，并与动力荷载下的强度试验结果进行了对比。可以看出，饱和混凝土的强度与干燥混凝土一样，都随着应变率的增大而增大，也随着围压的增大而增大，但干燥混凝土在围压作用下的强度要高于饱和混凝土的强度。

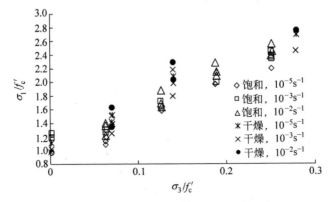

图 5.27　不同围压下混凝土动态三轴强度

根据表 5.5 和表 5.8 的试验结果，计算不同围压下的干燥与饱和混凝土在动力荷载下的动力增强系数（DIF），见表 5.11。由表 5.11 可以看出，在低围压（0MPa 和 2MPa）下，饱和混凝土表现出比干燥混凝土较大的应变率效应。当围压大于 4MPa 时，两者的动力增强系数接近，而在 8MPa 时，干燥混凝土的强度反而更大。分析原因，可能是在相同的围压下，干燥混凝土的有效围压较大。当围压较大时，围压效应大于应变率效应，导致饱和混凝土的动力增强相对较小。

表 5.11　不同围压和动力荷载下混凝土动力增强系数

围压/MPa	干燥混凝土			饱和混凝土		
	10^{-5}	10^{-3}	10^{-2}	10^{-5}	10^{-3}	10^{-2}
0	1	1.18	—	1	1.21	—
2	1	1.04	1.08	1	1.13	1.17
4	1	1.01	1.08	1	1.03	1.07
6	—	—	—	1	1.03	1.08
8	1	1.24	1.12	1	1.05	1.08

通常认为,混凝土动态强度与应变率对数呈线性关系:

$$\frac{f_d}{f_c} = 1 + a\lg\left(\frac{\dot{\varepsilon}}{\dot{\varepsilon}_s}\right) \tag{5.11}$$

式中,f_d 为当前围压和应变率下的抗压强度; f_c 为当前围压和应变率下的准静态抗压强度; $\dot{\varepsilon}$ 为当前应变率; $\dot{\varepsilon}_s$ 为准静态应变率,取为 $10^{-5}\,\mathrm{s}^{-1}$; a 为与围压相关的材料参数。对机械围压下的干燥、饱和混凝土动态抗压强度数据进行最小二乘拟合,得到的参数见表 5.12。

表 5.12　参数 a 拟合结果

围压/MPa	干燥混凝土	饱和混凝土
0	0.090	0.105
2	0.025	0.059
4	0.020	0.021
6	—	0.023
8	0.065	0.026

参数 a 反映了应变率效应的大小,由表 5.12 可以看出,饱和混凝土在较高围压下的应变率效应与 Fujikake 等[12]和闫东明[6]的结论相悖。应变率效应与围压的关系还有待进一步的试验和理论验证。

4. 饱和混凝土应力-应变特性

由饱和混凝土的三轴动态压缩试验,得到了饱和混凝土在不同围压和不同应变率下的应力-应变曲线,如图 5.28~图 5.31 所示。

图 5.32 是饱和混凝土在应变率 $10^{-2}\,\mathrm{s}^{-1}$ 时不同围压条件下的典型应力-应变曲线。可以看出,随着围压的增大,曲线上升段的斜线稍微变陡,表明弹性模量有所增加,而峰值后的下降段则变缓,说明延性增加。峰值应变也随着围压的增大而有所增大。

图 5.33 显示了围压 2MPa 时不同应变率下饱和混凝土的应力-应变曲线。随着应变率的增加,应力-应变关系曲线的形式没有明显的区别,混凝土的初始切线

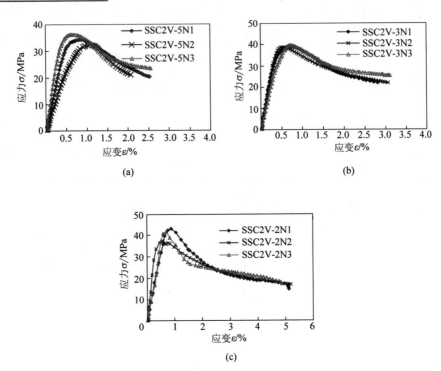

图 5.28　围压 2MPa 不同应变率下饱和混凝土的应力-应变曲线

(a) $10^{-5}\,\mathrm{s}^{-1}$；(b) $10^{-3}\,\mathrm{s}^{-1}$；(c) $10^{-2}\,\mathrm{s}^{-1}$

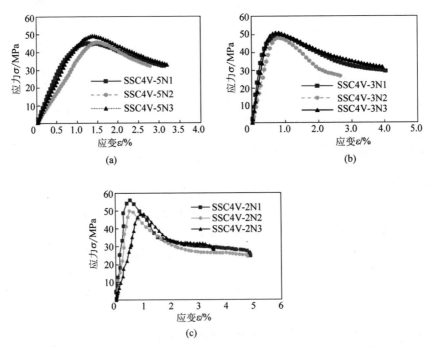

图 5.29　围压 4MPa 不同应变率下饱和混凝土的应力-应变曲线

(a) $10^{-5}\,\mathrm{s}^{-1}$；(b) $10^{-3}\,\mathrm{s}^{-1}$；(c) $10^{-2}\,\mathrm{s}^{-1}$

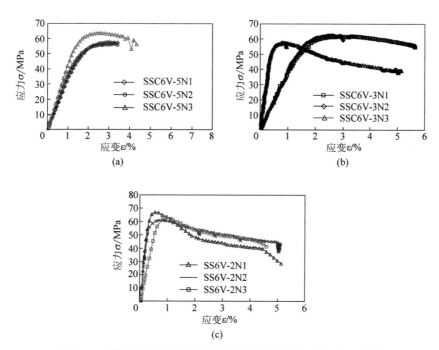

图 5.30　围压 6MPa 不同应变率下饱和混凝土的应力-应变曲线

(a) $10^{-5}\mathrm{s}^{-1}$; (b) $10^{-3}\mathrm{s}^{-1}$; (c) $10^{-2}\mathrm{s}^{-1}$

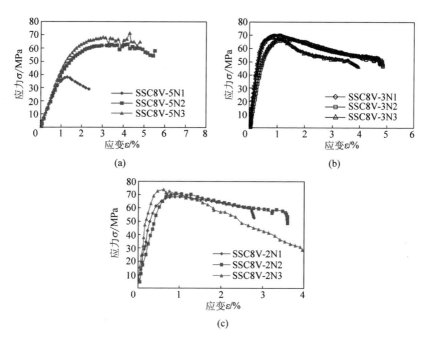

图 5.31　围压 8MPa 不同应变率下饱和混凝土的应力-应变曲线

(a) $10^{-5}\mathrm{s}^{-1}$; (b) $10^{-3}\mathrm{s}^{-1}$; (c) $10^{-2}\mathrm{s}^{-1}$

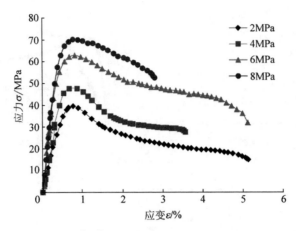

图 5.32　应变率 $10^{-2}\,\mathrm{s}^{-1}$ 时不同围压下饱和混凝土的应力-应变曲线

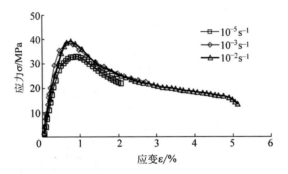

图 5.33　围压 2MPa 不同应变率下饱和混凝土的应力-应变曲线

模量没有明显的变化。随着应变率的增加,应力-应变曲线的下降段更陡峭一些,但残余强度似乎趋于一致。

图 5.34 为应变率 $10^{-3}\,\mathrm{s}^{-1}$ 时干燥与饱和混凝土在围压 2MPa 和 4MPa 下的轴向应力-应变关系曲线,从图中可以看出,饱和混凝土在围压作用下的动态应力-

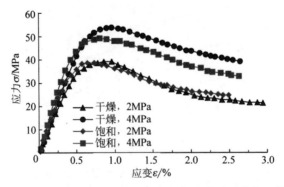

图 5.34　干燥与饱和混凝土动态应力-应变关系曲线比较

应变关系曲线与干燥混凝土相似。

混凝土是围压敏感性材料,也是应变率敏感性材料。在机械围压作用下,干燥与饱和混凝土的抗压强度都随着围压的增加而增加,但饱和混凝土的围压效应比干燥混凝土的围压效应小。在不同的围压水平下,随着应变率的增大,混凝土强度呈增强趋势。在低围压下,应变率效应随围压的增大而减小,但在高围压下反而有增强趋势。在较低的围压水平时,干燥与饱和混凝土强度都较好地符合 D-P 强度准则。饱和混凝土内发展的孔隙压力,是饱和混凝土强度变化的原因。在干燥混凝土强度准则的基础上,利用广义有效应力原理,可以得到饱和混凝土的强度。孔隙压力系数可用于估算饱和混凝土的强度。

围压的提高,有利于混凝土材料由脆性到延性的过渡,提高了混凝土的峰值应变。随着围压的增加,应力-应变曲线的初始段切线斜率有所增加,而峰值后的下降段则逐渐趋缓。应变率对混凝土强度的影响在单轴状态下作用明显,并且饱和混凝土的应变率效应比干燥混凝土更显著。在本次试验的围压和应变率范围内,围压较大时,应变率效应的增加较慢。应变率和围压较高时,饱和混凝土的应力-应变关系曲线形式与相应的干燥混凝土应力-应变曲线相似。应变率的增加,对混凝土应力-应变曲线形式的影响不大,峰值应变的变化也不明显。

5.2 真实水荷载对混凝土静动态三轴性能影响的试验研究

目前对含水混凝土的研究进行得很少,少数的研究者研究了水对混凝土的强度和变形的影响,其中主要集中于湿(饱和)混凝土的单轴拉压特性研究,而较少研究其多轴特性。研究水中混凝土的性能,即混凝土直接暴露于高水围压下的情况更是寥寥无几,而水中的多轴动态特性研究更是无人涉及。在水中工作的混凝土,多是直接暴露于水中,与水直接接触的,这点与已有的混凝土试验条件相差很大。现有的设计方法都没有考虑真实水荷载对混凝土力学性能的影响,因此有必要进行混凝土在高压饱和水作用下的力学特性试验研究,特别是动态加载试验。研究多轴情况下混凝土的静、动强度和变形的变化规律,为工程实践设计提供必要的试验依据,为建立合适的数值模型提供参考。

5.2.1 真实水荷载作用下混凝土性能试验方法

1. 试验设备

试验设备同 5.1 节,采用清华大学自行研制的大型多功能静动三轴试验机(图 5.1)。

2. 试样制备

本试验采用的混凝土试件同 5.1 节,为圆柱体混凝土试件,直径为 100mm,高为 200mm,混凝土的设计强度为 20MPa。试验采用的材料为 32.5 号硅酸盐水泥、中砂和石子,骨料最大粒径为 20mm。混凝土的水灰比为 0.55,配合比为水：水泥：砂子：石子＝163：296：709：1261(kg/m³)。所用的拌和水为自来水。用美国 PVC 标准试模成型,振动台振捣密实。试样 24h 后脱模,一部分试件一直浸泡于室内静水池中养护,用于饱和混凝土试验,另一部分放置于室内干燥环境,自然养护,用于干燥混凝土试验。另外由标准养护的立方体试件得到标准养护 28d 的抗压强度为 28.2MPa。

3. 试验过程

本节试验为水下混凝土静、动态三轴压缩试验,试验方法借鉴传统的三轴试验方法。试验前,将混凝土试件两端面切割、磨平,放置于承载垫块上,确保试件居中,然后轴向施加荷载进行预压,使试件压实,接着往三轴压力室加满水后施加预定的静水围压,等围压稳定后,轴向以恒定的应变率控制持续施加轴向荷载。当混凝土完全破坏,应力基本退至静水压力时停止试验。其总应力路径可用图 5.35 表示。

本节试验中,水压力直接作用于混凝土试件表面,并将这样的围压作用方式称为真实水围压。因为试验机出力的限制并考虑混凝土坝所承受的实际水压,确定试验的围

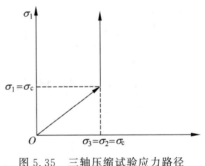

图 5.35   三轴压缩试验应力路径示意图

压为：2MPa、4MPa、6MPa 和 8MPa,确定的加载应变率为：$10^{-5}s^{-1}$、$10^{-3}s^{-1}$ 和 $10^{-2}s^{-1}$。每组组合工况下的试验选用 3 个试件,必要时增加补充试验,以保证数据的准确性。

混凝土的龄期为(1050±50)d。由于龄期较长,可认为混凝土强度增长基本趋于稳定,可以忽略试验过程中龄期对强度的影响。在水中养护的混凝土,其浸泡的时间足够长,可认为混凝土已达饱和状态。

5.2.2   真实水荷载作用下干燥混凝土的三轴特性

1. 真实水荷载作用下干燥混凝土的破坏模式

干燥混凝土在水荷载作用下的三轴静动态压缩典型破坏模式如表 5.13 所示。在水围压下,混凝土试件表面的分布裂纹明显减少,多数情况下为几条宏观竖向裂

缝引起的劈裂与斜面剪切共存的混合破坏。当试件表面形成裂纹后,高压水进入裂纹中加速了已有裂纹的扩展,同时也抑制了其他分布裂纹的形成。正如水压力下裂纹的扩展研究中所观察到的现象一样,水压力的存在促使裂纹扩展以已有裂纹为主[23]。快速加载条件下的破坏模式也基本与静态模式相同,但剪切面较平整,且剪切面骨料剪断较多。在不同条件下的破坏剪切滑移面与水平面的夹角为 $60°\sim65°$,与加载速率和围压大小基本无关。

表 5.13 干燥混凝土在水荷载作用下的典型破坏模式

围压/MPa	应变率/s^{-1}	
	10^{-5}	10^{-2}
2		
4		
8		

2. 真实水荷载作用下干燥混凝土的强度特性

本节试验中,混凝土试件直接浸泡于水中,承受水荷载和轴向荷载。试验测得的干燥混凝土在水荷载作用下的动态三轴抗压强度见表 5.14。其中,0MPa 围压指的是干燥混凝土在自然环境中的单轴抗压情况。

表 5.14　水围压作用下的干燥混凝土三轴抗压强度

围压/MPa	试件	应变率/s^{-1}			围压/MPa	试件	应变率/s^{-1}		
		10^{-5}	10^{-3}	10^{-2}			10^{-5}	10^{-3}	10^{-2}
0	1	28.3	32.0	—	4	1	25.2	37.5	39.6
	2	29.4	37.4	—		2	23.4	38.9	39.7
	3	28.3	32.6	—		3	23.0	31.7	44.5
	均值	28.7	34.0	—		均值	23.9	37.5	41.3
2	1	17.0	25.8	30.1	8	1	22.3	43.6	49.4
	2	19.8	34.5	28.6		2	21.9	41.3	52.0
	3	16.7	29.3	30.4		3	23.8	47.5	50.1
	均值	17.8	27.5	29.7		均值	22.7	44.1	50.5

图 5.36 显示了在准静态速率下干燥混凝土在真实水荷载作用下的抗压强度,并与机械围压下的准静态强度进行了对比。图中的参考强度是干燥混凝土的单轴抗压强度。由表 5.14 和图 5.36 发现,相对于单轴抗压强度,干燥混凝土在水中的轴向抗压强度显著减小,围压 2MPa 时减小了 38.0%,围压 4MPa 时减小了 16.7%,围压 8MPa 减小了 20.9%。相对于单轴强度,水围压的存在未对混凝土的强度提供任何益处,与机械围压对混凝土强度的增强效应正好相反。

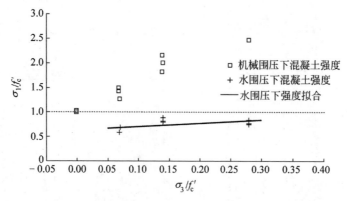

图 5.36　干燥混凝土在水荷载作用下的抗压强度及其与机械围压下的对比

图 5.37 显示了在水荷载作用下的干燥混凝土在不同应变率下的轴向抗压强度随围压的变化关系,强度的平均值单独绘于图 5.38。可以看出,水荷载作用下

的干燥混凝土抗压强度在轴向快速加载下有显著的增加。相对于静态单轴抗压强度，当应变率为 $10^{-2}\,\mathrm{s}^{-1}$ 时，在围压 2MPa、4MPa 和 8MPa 时抗压强度分别提高了 3.5%、43.9% 和 76.0%。与对应围压下的准静态强度相比，动力荷载下的强度分别提高 66.9%、72.8% 和 122.5%。可以认为，不管应变率的高低，随着水围压的增大，强度有增强趋势。此外，从结果可以发现：在较高的围压下，三轴抗压强度的应变率效应反而更大。

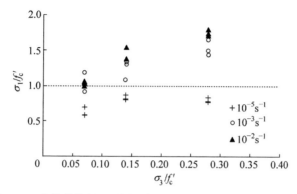

图 5.37　水荷载作用下干燥混凝土在不同应变率下的抗压强度

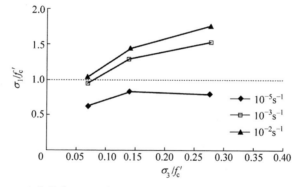

图 5.38　水荷载作用下干燥混凝土在不同应变率下的抗压强度平均值

对应变率 $10^{-3}\,\mathrm{s}^{-1}$ 和 $10^{-2}\,\mathrm{s}^{-1}$ 下的试验结果进行回归，得到 $10^{-3}\,\mathrm{s}^{-1}$ 下的结果为 $a=2.607,b=0.843(R^2=0.908)$，$10^{-2}\,\mathrm{s}^{-1}$ 下的结果为 $a=3.3,b=0.875$（$R^2=0.936$）。由此可见，在高应变率下，水围压对强度的增强效应明显增大。

3. 真实水荷载作用下干燥混凝土的变形特性

干燥混凝土在不同水围压和应变率下的应力-应变曲线如图 5.39、图 5.40 和图 5.41 所示，轴向应力指的是偏应力。

从图 5.39(d) 中可以看到，不同应变率下的应力-应变曲线的初始切线斜率基本相同。高应变率下的曲线下降段明显变陡，说明混凝土达到峰值应力后迅速破

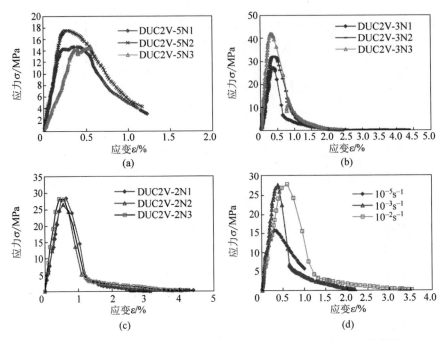

图 5.39　2MPa 水围压下干燥混凝土在不同应变率下的应力-应变曲线

（a）$10^{-5}\,\mathrm{s}^{-1}$；（b）$10^{-3}\,\mathrm{s}^{-1}$；（c）$10^{-2}\,\mathrm{s}^{-1}$；（d）典型应力-应变曲线

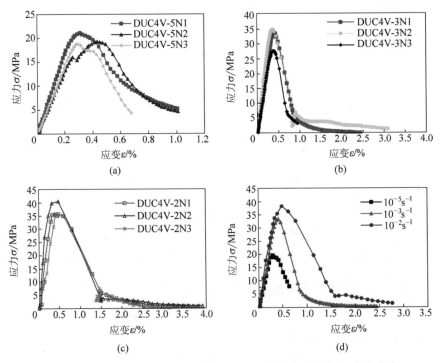

图 5.40　4MPa 水围压下干燥混凝土在不同应变率下的应力-应变曲线

（a）$10^{-5}\,\mathrm{s}^{-1}$；（b）$10^{-3}\,\mathrm{s}^{-1}$；（c）$10^{-2}\,\mathrm{s}^{-1}$；（d）典型应力-应变曲线

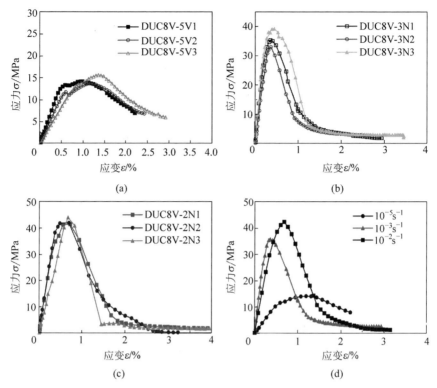

图 5.41　8MPa 水围压下干燥混凝土在不同应变率下的应力-应变曲线

(a) $10^{-5}\mathrm{s}^{-1}$；(b) $10^{-3}\mathrm{s}^{-1}$；(c) $10^{-2}\mathrm{s}^{-1}$；(d) 典型应力-应变曲线

坏,破坏后的混凝土基本没有残余强度。随着应变率的增大,峰值应变也有所增加。

图 5.40 和图 5.41 的结果也表明,随着应变率的增大,混凝土的强度有明显的提高;不同应变率下的应力-应变曲线形式基本相似,但在高应变率下的应力-应变曲线的下降段更陡峭些。

图 5.42～图 5.44 为不同应变率、不同水围压时的干燥混凝土轴向典型应力-应变曲线关系图。为了方便比较不同围压下的强度,图中的应力为总应力。

可以看出,虽然在 8MPa 围压准静态应变率下,混凝土强度增加不大,但基本有较一致的规律:在同一应变率量级下,随着围压的增大,混凝土的强度增大。应力-应变曲线形式基本与围压的大小无关,与干燥混凝土在机械围压下的应力-应变曲线相比,并不随着围压的增大而出现明显的由脆性到延性的转变。峰值应变的大小随着围压的增大变化不明显。

混凝土的应变率效应机理在最近的 20 年已有广泛的研究。一个被普遍接受的解释是混凝土内水的存在导致了应变率效应。从研究中可以看出,尽管在水荷载作用下的混凝土强度相对较低,但应变率效应却更加明显,不可否认,这正是由于环境水充分进入混凝土内部,并和混凝土内部微裂纹扩展演化相互影响的缘故。

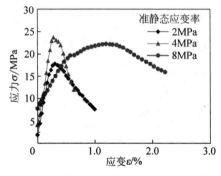

图 5.42 准静态应变率下的应力-应变曲线

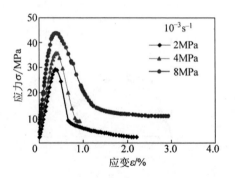

图 5.43 应变率 $10^{-3}\,\mathrm{s}^{-1}$ 下的应力-应变曲线

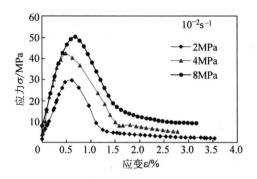

图 5.44 应变率 $10^{-2}\,\mathrm{s}^{-1}$ 下的应力-应变曲线

5.2.3 真实水荷载作用下饱和混凝土的三轴特性

常年在水荷载作用下工作的混凝土,特别是水下部分,基本可以认为是饱和的,所以饱和混凝土在水下的三轴动态特性研究就显得尤为必要。

1. 真实水荷载作用下饱和混凝土的破坏模式

饱和混凝土在水荷载作用下不同水围压和应变率下的典型破坏模式见表 5.15。与干燥混凝土在水中的破坏模式相似,水压力的存在,减小了其他小裂纹的扩展,试件被较少的裂纹贯穿并形成剪切面而破坏。在较低围压下,少数竖向裂缝扩展串接导致破坏,剪切面不明显;较高应变率加载下,试件受冲剪形成的断面较为平整,剪切面的角度与机械围压下的剪切角相比,变化不大。

2. 真实水荷载作用下饱和混凝土的强度特性

饱和混凝土在水荷载作用下的静、动态三轴抗压强度见表 5.16。其中,0MPa指的是饱和混凝土在空气中的单轴抗压强度,作为参考值。

表 5.15　饱和混凝土在水荷载作用下的典型破坏模式

应变率/s^{-1}	围压/MPa			
	2	4	6	8
10^{-5}	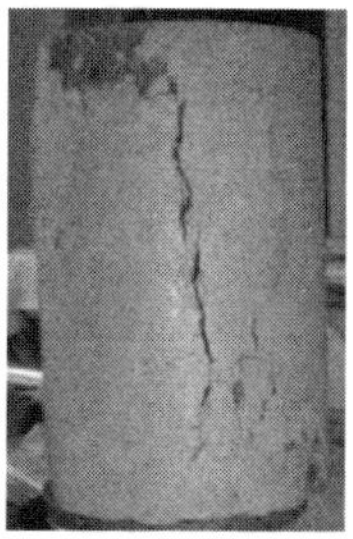	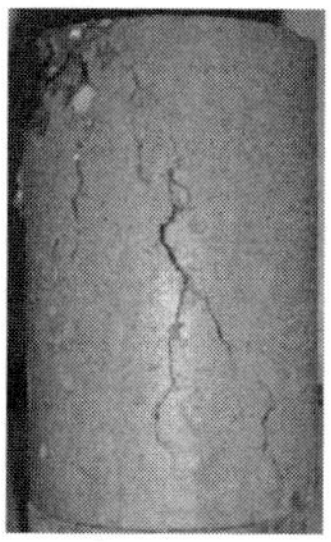		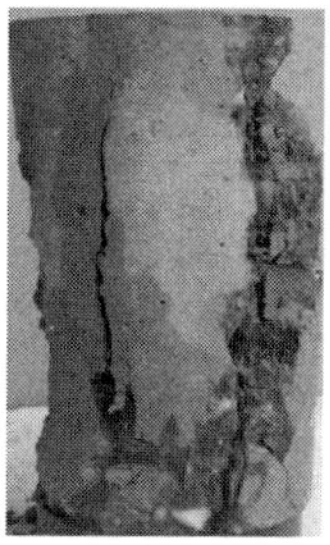
10^{-2}				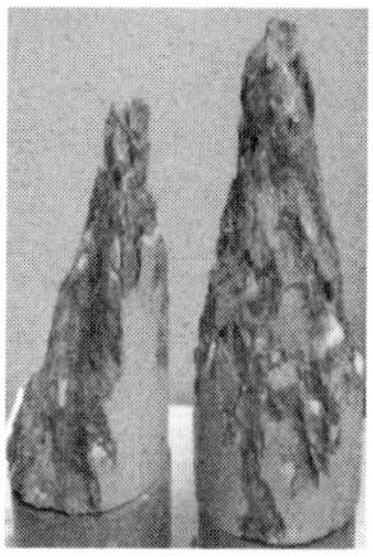

表 5.16　水荷载作用下饱和混凝土动态三轴抗压强度　　　　MPa

围压/MPa	试件	应变率/s^{-1}			围压/MPa	试件	应变率/s^{-1}		
		10^{-5}	10^{-3}	10^{-2}			10^{-5}	10^{-3}	10^{-2}
0	1	32.9	37.8	—	4	3	18.3*	35.9	48.2
	2	30.7	40.1	—		均值	36.4	36.2	45.1
	3	32.1	38.4	—	6	1	34.4	48.5	48.6
	均值	31.9	38.8			2	35.4	46.6	53.1
2	1	31.5	34.2	37.2		3	27.2*	43.4	56.2
	2	30.7	27.9	40.8		均值	34.9	46.2	52.6
	3	30.9	32.3	43.8	8	1	51.0	61.0	69.5
	均值	31.0	31.5	40.6		2	43.9	55.4	68.8
4	1	36.9	43.2	40.5		3	44.8	62.4	71.6
	2	35.8	36.2	46.7		均值	46.5	59.6	70.0

* 该值偏离平均值超过 15%,舍去,取剩余两值的平均为平均值。

　　图 5.45 给出了饱和混凝土在水荷载作用下的准静态三轴抗压强度,并与干燥混凝土的结果进行对比。从图中可以看出,饱和混凝土的抗压强度基本不低于其

单轴抗压强度,与 Bjerkeli 等[24]结论相符合,同时与干燥混凝土形成了鲜明的对比。在相同围压作用下,饱和混凝土强度都高于相应干燥混凝土。

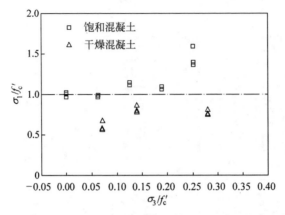

图 5.45　水荷载作用下饱和混凝土与干燥混凝土的准静态强度对比

将机械围压下和水围压下干燥与饱和混凝土三轴抗压强度的平均值绘于图 5.46 中。

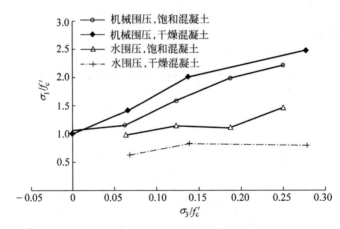

图 5.46　机械围压和水围压下混凝土静态强度对比

从图 5.46 可以清晰地看出混凝土在不同条件下的强度发展规律。在机械围压下,干燥混凝土显示了比饱和混凝土更显著的围压对强度的增强效应,且干燥混凝土的强度比饱和混凝土的强度高。然而,在水围压下,干燥混凝土的强度比饱和混凝土低,甚至低于其单轴抗压强度。对比机械围压下的强度,不管干燥混凝土或饱和混凝土,水围压下的强度都低得多。

Bjerkeli 等[24]认为水围压对强度的影响不大。从结果可以看出,饱和混凝土的强度符合 Bjerkeli 的结论,但随着围压的增加仍有增强的趋势;然而与机械围压下的强度相比,仍然小得多。可以看出,混凝土产生的孔隙水压力不足以抵消围压的效应,所以在水中的混凝土强度仍然增加。这也证明了 Terzaghi 有效应力原理并不完全适用于混凝土材料。

图5.47给出了干燥与饱和混凝土在不同应变率下水荷载作用下的三轴静、动态抗压强度平均值随围压变化的关系。在准静态应变率下,干燥混凝土的强度明显偏小,但在高应变率下强度明显提高,提高的程度比饱和混凝土更大。

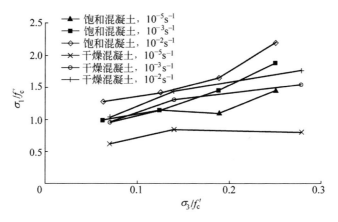

图5.47　水围压下混凝土静动态三轴抗压强度

表5.17为干燥与饱和混凝土在不同水围压下的动态强度增强因子。由此可以看出:干燥混凝土由于在水荷载作用下水的进入,导致了其率效应明显增大,且随着围压的增大有增强的趋势。可能原因是围压越高,进入混凝土内的水也越多,且水是应变率效应的主要因素。

表 5.17　水围压下混凝土动态强度增强因子

围压/MPa	干燥混凝土			饱和混凝土		
	应变率/s^{-1}			应变率/s^{-1}		
	10^{-5}	10^{-3}	10^{-2}	10^{-5}	10^{-3}	10^{-2}
0	1	1.18	—	1	1.22	—
2	1	1.54	1.73	1	1.02	1.31
4	1	1.57	1.73	1	0.99	1.24
6	—	—	—	1	1.32	1.51
8	1	1.94	2.22	1	1.28	1.51

3. 真实水荷载作用下饱和混凝土的变形特性

饱和混凝土在水荷载作用下的动态三轴压缩试验得到的轴向应力-应变曲线如图5.48～图5.51所示。试验在三向静水围压下开始轴向加载,图中的应力为轴向偏应力。

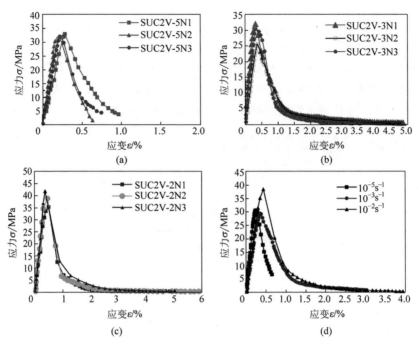

图 5.48　2MPa 水围压下饱和混凝土在不同应变率下的应力-应变曲线

(a) $10^{-5}s^{-1}$；(b) $10^{-3}s^{-1}$；(c) $10^{-2}s^{-1}$；(d) 典型应力-应变曲线

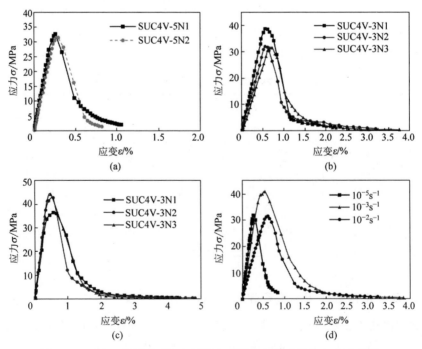

图 5.49　4MPa 水围压下饱和混凝土不同应变率下的应力-应变曲线

(a) $10^{-5}s^{-1}$；(b) $10^{-3}s^{-1}$；(c) $10^{-2}s^{-1}$；(d) 典型应力-应变曲线

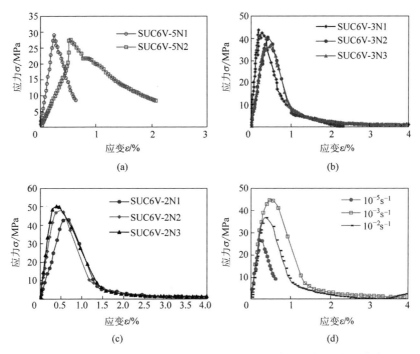

图 5.50　6MPa 水围压下饱和混凝土不同应变率下的应力-应变曲线

(a) $10^{-5}\mathrm{s}^{-1}$；(b) $10^{-3}\mathrm{s}^{-1}$；(c) $10^{-2}\mathrm{s}^{-1}$；(d) 典型应力-应变曲线

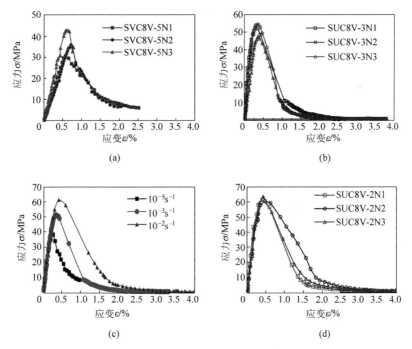

图 5.51　8MPa 水围压下饱和混凝土不同应变率下的应力-应变曲线

(a) $10^{-5}\mathrm{s}^{-1}$；(b) $10^{-3}\mathrm{s}^{-1}$；(c) $10^{-2}\mathrm{s}^{-1}$；(d) 典型应力-应变曲线

可以看到,饱和混凝土在水围压作用下,应力-应变曲线在线性段后迅速达到强度峰值,然后应力快速跌落,直至不能再承受偏应力。在同一围压下,应变率对曲线的初始段斜率的影响不大,曲线也基本保持相似的形式,而峰值应变随着应变率增大明显增大。

在水荷载作用下,水围压的大小对应力-应变曲线的影响如图 5.52～图 5.54 所示。真实水荷载作用下混凝土的偏应力强度相差不大,为了反映围压在强度中的作用,图中应力为总应力。表 5.18 为饱和混凝土在水围压下准静态应变率时的峰值应变,并与干燥混凝土的相应值进行对比。可以看出,随着水围压的增大,应力-应变曲线的形式保持不变,没有出现类似机械围压下的脆性到延性的转变。不同水围压下,混凝土的峰值应变的变化不大。饱和混凝土的峰值应变比干燥混凝土的峰值应变小。饱和混凝土的峰值应变随围压的变化不大,但干燥混凝土峰值应变有增加的趋势,不过增加量并不大。

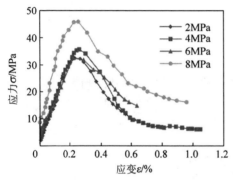

图 5.52　准静态应变率下轴向应力-
应变关系图

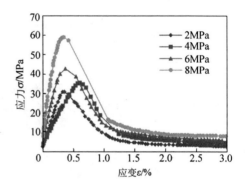

图 5.53　应变率 $10^{-3} s^{-1}$ 时的应力-
应变曲线

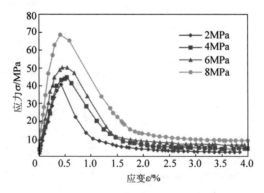

图 5.54　应变率 $10^{-2} s^{-1}$ 时的应力-应变曲线

表 5.18 水围压下准静态应变率时混凝土的峰值应变 %

围压/MPa	应 变	
	干燥混凝土	饱和混凝土
2	0.320	0.245
4	0.366	0.268
6	—	0.248
8	0.423	0.228

图 5.55 为干燥与饱和混凝土在围压 2MPa、应变率 $10^{-3}\,\mathrm{s}^{-1}$ 时,分别在机械围压和真实水围压下的应力-应变关系曲线对比图。可以看出,真实水荷载作用下的应力-应变关系曲线与机械围压下应力-应变关系曲线相比,峰值应力明显减少,峰值应力后的曲线迅速下降为零,没有残余强度。

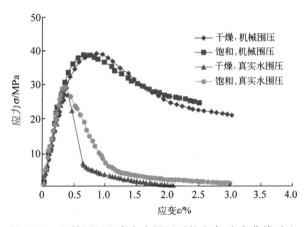

图 5.55 机械围压和真实水围压下的应力-应变曲线对比

5.3 小结

(1) 混凝土是围压敏感性材料,也是应变率敏感性材料。在机械围压作用下,干燥与饱和混凝土的抗压强度都随着围压的增加而增加,但饱和混凝土的围压效应比干燥混凝土的围压效应小。在不同的围压水平下,随着应变率的增大,混凝土强度呈增强趋势。在低围压作用下,应变率效应随围压的增大而减小,但在高围压下反而有增强趋势。在较低的围压水平时,干燥和饱和混凝土强度都较好地符合 D-P 强度准则。饱和混凝土内发展的孔隙压力,是饱和混凝土强度变化的原因。

(2) 围压的提高,有利于混凝土材料由脆性到延性的过渡,提高了混凝土的峰值应变。随着围压的增加,应力-应变曲线的初始段切线斜率有所增加,而峰值后的下降段则逐渐趋缓。应变率对混凝土强度的影响在单轴状态下作用明显,并且饱和混凝土的应变率效应比干燥混凝土更显著。在本次试验的围压和应变率范围内,围压较大时,应变率效应的增加较慢。

(3) 在水围压下,干燥与饱和混凝土的破坏模式与机械围压下的破坏模式有所不同。混凝土试件表面的分布裂纹明显减少,多数情况下为几条宏观竖向裂缝引起的劈裂与斜面剪切共存的混合破坏。当试件表面形成裂纹后,高压水进入裂纹中加速了已有裂纹的扩展,同时也抑制了其他分布裂纹的形成。快速加载条件下的破坏模式也基本与静态模式相同,但剪切面较平滑,且剪切面骨料剪断较多。在不同条件下的破坏剪切滑移面与水平面的夹角为 60°~65°,与加载速率和荷载作用方式基本无关。

(4) 准静态应变率时,水围压下干燥混凝土的强度较其单轴抗压强度明显减小,随着应变率的提高,强度有明显的增大,且高于其单轴抗压强度。随着围压的增加,混凝土的强度呈增强的趋势。饱和混凝土在水围压下准静态应变率时的强度基本不低于其单轴抗压强度,且随着围压的增加,强度也随着增加。在试验的围压范围内,饱和混凝土强度的应变率效应也随着围压增大有增强的趋势。

(5) 在水荷载作用下,混凝土的应力-应变曲线总体表现为脆性,围压的增大并没有促使混凝土性能向延性的转变。干燥与饱和混凝土,在不同围压和不同应变率下的应力-应变曲线的形式基本相似。在相同的应变率下,围压对峰值应变率的影响很小。在相同围压下,应变率的增加使混凝土的峰值应变有所增加。

参考文献

[1] 张楚汉. 高坝——水电站工程中的关键科学问题[J]. 三峡大学学报,2004,26(3):193-197.

[2] GARY G,BAILLY P. Behaviour of quasi-brittle material at high strain rate[J]. Experiment and Modelling,1998,17(3):403-420.

[3] ROSSI P,VAN MIER J G M,BOULAY C,et al. The dynamic behaviour of concrete: influence of free water[J]. Materials and Structures,1992,25:509-514.

[4] ROSS C A,JEROME D M,TEDESCO J W,et al. Moisture and strain rate effects on concrete strength[J]. ACI Material J,1996,93(3):293-300.

[5] IMRAN I,PANTAZOPOULOU S J. Experimental study of plain concrete under triaxial stress[J]. ACI Materials Journal,1996,93(6):589-601.

[6] 闫东明. 混凝土动态力学性能试验与理论研究[D]. 大连:大连理工大学,2006.

[7] LIMA L J,VIOLINI D,ZERBINO R. Fracture toughness and fracture energy of concrete [M]. Amsterdam,Elsevier Science,1986.

[8] NEVILLE A M. Properties of concrete[M]. New York:J. Wiley,1996.

[9] DOMONE P L. Uniaxial tensile creep and failure of concrete[J]. Magazine of Concrete Research,1974,26:144-152.

[10] MILLS R H. Effects of sorbed water on dimensions,compressive strength,and swelling pressure of hardened cement paste[J]. Special Report,1966,84-111.

[11] 王海龙. 自由水细观作用机理及其对混凝土宏观力学性能影响分析[D]. 北京：清华大学, 2006.

[12] FUJIKAKE K, MORI K, UEBAYASHI K, et al. Dynamic properties of concrete materials with high rates of tri-axial compressive loads[J]. Structures and Materials, 2000, 8: 511-522.

[13] LI Q B, ANSARI F. Mechanics of damage and constitutive relationships for high-strength concrete in triaxial compression[J]. Journal of Engineering Mechanics, 1999, 125 (1): 1-15.

[14] ANSARI F, LI Q B. High-strength concrete subjected to triaxial compression[J]. ACI Material J, 1998, 95(6): 747-755.

[15] RICHART F E, BRANDTZAEG A, BROWN R L. A study of the failure of concrete under combined compressive stresses[J]. University of Illinois. Engineering Experiment Station, 1928, 185: 87-100.

[16] PRAMONO E, WILLAM K. Fracture energy-based plasticity formulation of plain concrete[J]. Jounal of Engineering Mechanics, 1989, 115(6): 1183-1204.

[17] FUJIKAKE K, MORI K. Constitutive model for concrete materials with high rates of loading under triaxial compressive stress states[C]. Proceedings of the 3rd International Conference on Concrete under Severe Conditions, 2001, 1: 636-643.

[18] FUJIKAKE K, UEBAYASHI K, OHNO T, et al. Dynamic properties of steel fiber reinforced mortar under high-rates of loadings and triaxial stress states//Seventh International Conference on Structures Under Shock and Impact[C]. Montreal, 2002.

[19] NIELSEN C V. Triaxial behavior of high-strength concrete and mortar[J]. ACI Materials Journal, 1998, 95(2): 144-151.

[20] ULM F J, CONSTANTINIDES G, HEUKAMP F H. Is concrete a poromechanics material? —A multiscale investigation of poroelastic properties [J]. Materials and Structures, 2004, 37(265): 43-58.

[21] HEUKAMP F H, ULM F J, GERMAINE J T. Poroplastic properties of calcium-leached cement-based materials [J]. Cement and Concrete Research, 2003, 33(8): 1155-1173.

[22] OSHITA H, TANABE T. Water migration phenomenon in concrete in prepeak region [J]. Journal of Engineering Mechanics, 2000, 126(6): 565-572.

[23] SLOWIK V, SAOUMA V E. Water pressure in propagating concrete cracks[J]. Journal of Structural Engineering, 2000, 126(2): 235-242.

[24] BJERKELI L J, JENS J, LENSCHOW R. Strain development and static compressive strength of concrete exposed to water pressure loading[J]. ACI Structural Journal, 1993, 90(3): 310-315.

混凝土动力特性影响因素分析

大量试验研究表明,影响混凝土在动力荷载下性能的因素很多,既有混凝土本身的性质(如水灰比、骨料、含水量等),也有外部条件(如试验系统、加载方式等)。由于研究人员的试验方法不同,得到的试验结果也有所差异,为何在动力荷载试验中混凝土性能与静力荷载下不同,特别是为何在动力荷载下混凝土强度会增加,仍然没有得到很好的解释。多数研究人员认为混凝土在动力荷载下的力学行为主要是由惯性和黏性影响引起的,但是在不同的加载速率下,惯性和黏性的影响到底有多大,仍然没有统一的结论。

因此,本书重点分析了惯性和黏性的影响机理,并针对已有试验现象讨论了影响混凝土动力荷载下性能的各种因素,对如何将室内的材料动力试验结果正确地应用于混凝土结构设计和安全性评价提出了建议,并对今后开展动力荷载下混凝土的性能研究进行了展望。

6.1　动力加载过程中混凝土材料内部应力分析

根据连续介质力学理论,材料的应力为材料内部单位面积承受的内力,材料所能承受的最大应力称为材料的强度。由于材料内部应力很难用试验手段直接测量得到,一般根据力平衡条件,认为作用在材料内部截面的内力与荷载传感器的外力相等,通过测量"外力"来反映"内力"的大小。因此,要准确地分析动力荷载下混凝土的性能,首先要理清混凝土内力与外荷载之间的关系。

目前材料的动力试验装置大体可以分为两种:一种是如图 2.3 所示的分离式霍普金森压杆试验装置;另一种如图 6.1 所示的刚性试验机装置。前者可以提供较大的加载速率,但能提供的出力有限;后者能够提供较大的出力,但能提供的加载速率较低。其中 SHPB 试验装置利用高速撞击产生的应力波对试样进行加载,通过入射杆和透射杆上的应变片测量试件两端的应力和应变随时间变化过程,由于试件中应力波传播比较复杂,也给试验结果分析带来一定困难。

可以看出,无论采取什么样的设备进行材料的动力试验,在动力荷载下,试件的受力情况都可表示为图 6.2。

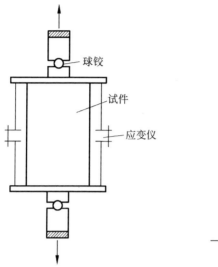

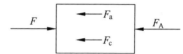

图 6.1　刚性试验机装置示意图　　　　图 6.2　试件受力示意图

图 6.2 中 F_A 为材料实际承受的内力;F 为外加荷载,也就是试验时荷载传感器的读数;F_a 和 F_c 分别为作用在研究对象上的惯性力和黏性力,二者方向分别与物体的加速度和速度方向相反,大小分别为

$$F_a = m\ddot{u}, \quad F_c = c\dot{u} \tag{6.1}$$

式中,m 和 c 分别为所考虑材料质点的质量和黏性系数;$\dot{u}$ 和 $\ddot{u}$ 分别为该质点的速度和加速度。根据动力平衡方程,可以得到作用在材料最终破坏面上的合力 F_A 为

$$F_A = F - F_a - F_c \tag{6.2}$$

根据式(6.2)实际作用在最终破坏面上的合力 F_A 并不是荷载传感器的读数 F,而是比该读数小。实际作用在最终破坏面上的应力为

$$\sigma_d = \frac{F_A}{A} = \frac{F - F_a - F_c}{A} \tag{6.3}$$

由式(6.3)可以看出,由于惯性力和黏性力的影响,实际作用在最终破坏面上的力 F_A 要小于荷载传感器的读数 F。在静力荷载下,由于时间破坏很长,材料实际的加速度和速度都很小,惯性力 F_c 和黏性力 F_a 可以忽略不计。但在动力荷载下,系统破坏时间较短,惯性力和黏性力都不能忽略。因此,不论采取何种试验设备进行材料的动力试验,如果直接将荷载传感器的读数作为材料最终破坏面上合力,会夸大材料破坏面的荷载,同时高估了材料在动力荷载下的强度。另外,由于

不同试验机的质量和刚度均不同,试验机所产生的惯性影响也不尽相同,混凝土在动力荷载下的试验结果也呈现出较大的离散性。

必须指出的是,在实际混凝土结构的动力分析中,特别是数值计算中,惯性和黏性实际上已经在结构动力方程中考虑。因此在结构分析中材料力学参数赋值时,不能直接采用室内试验中荷载传感器的读数作为混凝土在动力荷载下的强度,必须在准确分析惯性和黏性影响的基础上给出正确的材料性能,才能真实反映混凝土结构在动力荷载下的力学行为。

6.2   惯性对混凝土动力性能的影响分析

受载物体质量越大,加载速率越大,惯性的影响越大。由牛顿力学定律可知,黏性力的大小和位移的导数成正比,惯性力的大小和位移的二阶导数成正比。一般而言,惯性的影响通常在结构的动力学分析中考虑,在材料的力学特性中很少涉及。但实际上,在混凝土试件承受动力荷载时,试件由初始的静止状态在短时间内进入与试验机同步的快速运动状态,在此过程中,试件有维持原来静止状态的惯性,这就造成了惯性力的存在,加载速率越大,破坏时间越短,惯性力的影响越大。本节通过对单自由度、双自由度和多自由度进行理论和数值模拟分析,定量分析惯性力的影响大小以及对混凝土在动力荷载下性能的影响规律。

6.2.1   单自由度系统的惯性

为定量分析在动力试验中惯性影响的大小,本节利用一个简单模型分析动力荷载下惯性产生的机理。将混凝土材料简化为由一个质点和弹簧所组成的单自由度系统,质点质量 M 为混凝土试件的质量,弹簧刚度 K 为混凝土的弹性模量,如图 6.3 所示。

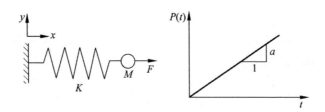

图 6.3   单自由度系统及动力荷载

从图 6.3 中可以看出,对于混凝土的动力试验而言,F 实际上就是通过液压等设备提供的外荷载,也是目前的装置下实际测量得到的混凝土材料的破坏荷载;但是由于惯性的影响,在加载速率较高时,作用在弹簧上最终导致材料破坏的荷载与外荷载 F 并不相同。图 6.3 中作用在该系统上的外荷载为线性增加的动力荷载

$P(t)$，其值为 $P(t) = \alpha t$。为重点分析惯性的影响，忽略系统的阻尼，则该单自由度的控制方程可以表示为

$$M\ddot{x} + Kx = P(t), \quad x \leqslant x_f \tag{6.4}$$

式中，M 为质点质量；K 为弹性系数；x 为质点位移，也就是弹簧伸长量；x_f 为弹簧最大伸长量。求解该控制方程可以得到弹簧伸长量随时间的变化规律为

$$x = \frac{\alpha}{K}\left(t - \frac{1}{\omega}\sin\omega t\right), \quad \omega = \sqrt{\frac{K}{M}} \tag{6.5}$$

当荷载逐渐增大，弹簧伸长量达到 x_f 时，该单自由度系统发生破坏。假设弹簧的伸长量在 t_0 时刻达到 x_f，此时外部荷载为 αt_0，作用在弹簧上的真实荷载为

$$F_{sf} = Kx_f = P(t_0) - \frac{\alpha}{\omega}\sin\omega t_0 \tag{6.6}$$

由式(6.6)可以看出，材料破坏时的外荷载 $P(t_0)$ 实际上就是传感器测量得到的材料强度，但其值与实际作用于弹簧上的力并不相同，在高加载速率情况下大于作用在弹簧上的力 F_{sf}。因此该系统体现加载率效应，该系统在动力荷载下的动力增强系数 DIF 可表示为系统破坏时外荷载 $P(t_0)$ 和实际作用于弹簧上力 F_{sf} 的比值：

$$\mathrm{DIF} = \frac{\alpha t_0}{F_{sf}} = \frac{1}{1 - \sin(\omega t_0)/(\omega t_0)} > 1 \tag{6.7}$$

可以看出，在本章所建立的单自由度系统中，材料本身是强度与加载速率无关的理想材料，但由于惯性力的影响，它们组成的结构在动力荷载下的名义破坏强度会比静力荷载下高，体现出一定的加载率效应。同时由式(6.7)可知，在线性增加的动力荷载下，惯性力和外荷载(测得的材料强度)的比值为

$$\frac{F_a}{P} = \frac{M\ddot{x}_a}{P} = \frac{\sin\omega t}{\omega t} \tag{6.8}$$

由式(6.8)可以看出，惯性力的影响大小和破坏时间成反比，时间越短，惯性力影响越大。对于一般实验室中采用的试件，自振频率为 $50 \sim 100\mathrm{Hz}$，而地震和现有动力试验的加载频率一般为 $0.25\mathrm{s}$ 内加载到破坏。依据本节简化模型，惯性力对动力荷载下的名义强度的影响为 6% 左右，约占动力荷载下混凝土名义强度增幅的 30%，不容忽视。此外，当加载速率更大时，破坏时间减少，惯性的影响将更加显著。

6.2.2 双自由度系统的惯性

一般的工程实际结构构件很难简化为单自由度系统，为不失一般性，本节分析一般的双自由度系统，即平面结构在线性增加荷载下的响应，进一步定量化地分析结构惯性对材料力学参数的影响规律，如图 6.4 所示。

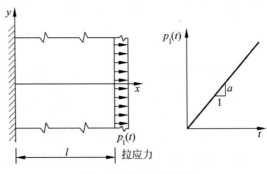

图 6.4 双自由度系统

在线性增加的动力荷载下,平面结构的动力响应可以用下式表示:

$$\mu \nabla^2 u + (\lambda + \mu) \nabla \nabla \cdot u + \rho f = \rho \frac{\partial^2 u}{\partial t^2} \tag{6.9}$$

式中,λ 和 μ 为拉梅常数;u 为结构位移。方程的边界条件为

$$\begin{aligned} x = 0, \quad & u(0, t) = 0 \\ x = l, \quad & (\lambda + 2\mu) \partial u_1 / \partial x \big|_{x=l} = p_1(t) = \alpha t \end{aligned} \tag{6.10}$$

求解该微分方程可以得到该系统任一点的位移:

$$u_1(x, t) = -\sum_{n=1}^{\infty} \omega_n \psi_n(x) \int_0^t \Phi_n(\tau) \sin \omega_n(t - \tau) \mathrm{d}\tau \tag{6.11}$$

将式(6.11)进行泰勒展开,可得

$$u_1(x, t) = \frac{8l}{\pi^2 \rho c_1^2} \sum_{n=1}^{\infty} \frac{(-1)^{n-1}}{(2n-1)^2} \sin\left[\frac{(2n-1)\pi x}{2l}\right] \times$$
$$\left\{ p_1(t) - \frac{2l\alpha}{(2n-1)\pi c_1} \sin\left[\frac{(2n-1)\pi c_1 t}{2l}\right] \right\} \tag{6.12}$$

因此,图 6.4 中双自由度系统任一点的应变可以表示为

$$\varepsilon_{11} = \frac{\partial u_1}{\partial x} = \frac{4}{\pi(\lambda + 2\mu)} \sum_{n=1}^{\infty} \frac{(-1)^{n-1}}{(2n-1)} \cos\left[\frac{(2n-1)\pi x}{2l}\right] \times$$
$$\left\{ p_1(t) - \frac{2l\alpha}{(2n-1)\pi c_1} \sin\left[\frac{(2n-1)\pi c_1 t}{2l}\right] \right\} \tag{6.13}$$

式中,$c_1 = \sqrt{(\lambda + 2\mu)/\rho}$。和单自由度系统的分析相同,当荷载逐渐增大,可认为系统最大位移超过极限值,该系统发生破坏,这样可以求得动力增强系数(名义动力强度和静力强度比值)与加载速率的关系,如图 6.5 所示。

由图 6.5 同样看出,不考虑材料加载速率相关特性,仅考虑结构惯性的影响,当加载速率越大,动力荷载下的破坏荷载越大,二者的关系曲线与混凝土材料强度增强系数和加载速率的曲线基本一致。

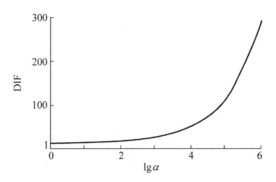

图 6.5　双自由度系统动力增强系数与加载速率的关系

6.2.3　多自由度系统的惯性

实际的混凝土材料并非单自由度或双自由度系统,其强度动力试验形式和方法复杂多样,试验结果受到多种条件因素的影响。不同的试验条件,其影响与作用规律也不同,从而导致试验结果具有较大的离散性。同时,诸多条件的耦合复杂影响也使理论建模存在困难,因此本节将对混凝土抗拉和抗压强度动力试验进行数值建模,利用 ABAQUS 有限元软件对上述试验条件进行模拟分析,并在数值仿真结果的基础上进一步分析动力荷载下惯性影响规律。

1. 模型建立

实际的混凝土试验条件相差较大,为了从这些差异中提取共性并提炼相关作用规律,数值计算并不针对某个具体的试验或者加载设备,而使用与上节理论分析思路一致的简化模型。混凝土抗拉强度动力试验简化模型如图 6.6 所示。加载端和固定端为无质量无变形的刚板,通过改变加载端速度 V 来模拟不同应变率;两端刚板与试件界面采用粘接模拟。RF_L 和 RF_B 分别为加载端和承载端反力。数值模拟同一试件分别经历静态和动态拉伸加载过程,并按照传统试验的测量和处理方法,利用加载端支座反力 RF_L 信息推求不同应变率的名义拉伸 DIF_t 值,如

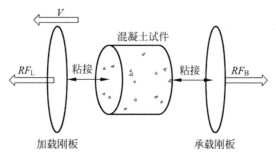

图 6.6　混凝土抗拉强度动力试验简化模型

式(6.14)所示。相应有限元网格模型如图 6.7 所示。

$$\mathrm{DIF_t} = \frac{f_{\mathrm{td}}}{f_{\mathrm{ts}}} = \frac{\max(RF_{\mathrm{Ld}})/A}{\max(RF_{\mathrm{Ls}})/A} = \frac{\max(RF_{\mathrm{Ld}})}{\max(RF_{\mathrm{Ls}})} \qquad (6.14)$$

式中，f_{td} 为混凝土抗拉名义强度动力值；f_{ts} 为混凝土抗拉强度真实值；$\max(RF_{\mathrm{Ld}})$ 与 $\max(RF_{\mathrm{Ls}})$ 分别为动力和静力求解得到的支反力峰值；A 为试件横截面面积。

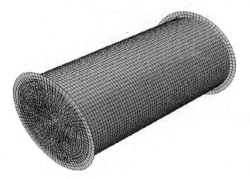

图 6.7　混凝土抗拉强度动力试验有限元模型

与前述混凝土抗拉强度动力试验模型思路类似，动力荷载下混凝土抗压强度数值计算并不针对某个具体的试验或者设备，而使用与上节理论分析思路一致的简化模型，如图 6.8 所示。

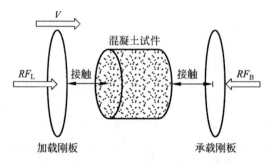

图 6.8　混凝土抗压强度动力试验加载模型

加载端刚板速度反向运动以实现动态压缩加载，在加载端和承载端产生方向相反的力 RF_{L} 和 RF_{B}。刚板与试件的界面采用接触模拟，根据计算条件需要可为光滑接触或摩擦接触。计算结果处理方法完全相同，利用加载端支反力 RF_{L} 计算不同应变率下名义压缩 DIF 值，如式(6.15)所示。

$$\mathrm{DIF} = \frac{\max(RF_{\mathrm{Ld}})}{\max(RF_{\mathrm{Ls}})} \qquad (6.15)$$

式中，各符号意义同前。相应的有限元网格模型如图 6.9 所示。

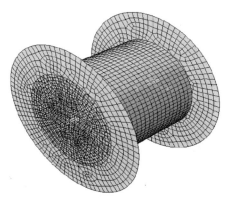

图 6.9 混凝土抗压强度动力试验有限元模型

2. 计算选取的材料本构模型和其他参数

为了反映混凝土在复杂多轴动态应力场作用下的非线性破坏特征,采用 Lubliner 等[1]于 1989 年提出的混凝土弹塑性屈服模型,该模型在 1998 年由 Lee 和 Fenves 等[2]进行了修正,可以模拟混凝土材料在承受拉伸和压缩荷载作用下的非对称力学行为。相应地,在承受不同荷载而发生破坏时,屈服面的塑性流动发展也由不同的变量控制,分别为拉伸等效塑性应变 $\tilde{\varepsilon}_t^{pl}$ 和压缩等效塑性应变 $\tilde{\varepsilon}_c^{pl}$。该模型屈服函数 F 的具体形式如下:

$$F = \frac{1}{1-\alpha}(q - 3\alpha p + \beta\hat{\sigma}_{max} + \gamma\hat{\sigma}_{max}) - \bar{\sigma}_c = 0 \qquad (6.16)$$

式中,$\hat{\sigma}_{max}$ 为材料点应力张量 $\boldsymbol{\sigma}$ 的最大主应力;$p = -\mathrm{trace}(\sigma)/3$ 为等效静水压力;Mises 等效应力 $q = \sqrt{1.5(\boldsymbol{S}:\boldsymbol{S})}$,$\boldsymbol{S} = \sigma + pI$ 为偏应力张量;$\alpha = [(\sigma_{b0}/\sigma_{bc0}) - 1]/[2(\sigma_{b0}/\sigma_{bc0}) - 1]$ 为等双轴压缩与单轴压缩屈服强度的比值,α 取值需满足 $0 \leqslant \alpha \leqslant 0.5$,计算中 σ_{b0}/σ_{bc0} 取为 1.16;$\beta = (1-\alpha)\bar{\sigma}_c/\bar{\sigma}_t - (1+\alpha)$,$\bar{\sigma}_t$ 与 $\bar{\sigma}_c$ 分别为拉伸和压缩黏聚应力,为拉伸等效塑性应变 $\tilde{\varepsilon}_t^{pl}$ 和压缩等效塑性应变 $\tilde{\varepsilon}_t^{pl}$ 的函数;$\gamma = 3(1-K_c)/(2K_c-1)$,$K_c$ 为应力张量 σ 的二阶不变量在拉伸和压缩子午线上的比值,取值需满足 $0.5 \leqslant K_c \leqslant 1.0$,计算中取为 2/3。

混凝土材料相关计算参数取值如表 6.1 所示,相应的单轴拉伸和压缩静力加载应力-应变全曲线如图 6.10 所示。

表 6.1 混凝土动力试验有限元模型材料参数

参数	密度 /(kg/m³)	弹性模量 /GPa	泊松比	剪胀角 /(°)	抗拉强度 /MPa	抗压强度 /MPa
取值	2400	26.48	0.167	15	1.78	32.358

3. 计算结果与讨论

利用 6.2.1 节中的数值模型对混凝土动态拉伸试验进行模拟,分析同一混凝

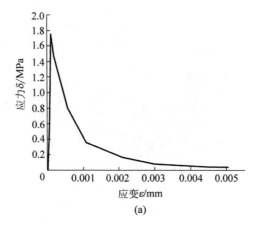

(a)

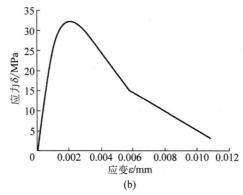

(b)

图 6.10　混凝土动力数值试验应力-应变全曲线

（a）单轴拉伸；（b）单轴压缩

土试件分别经历静态和动态拉伸加载过程,并按照传统动力试验的测量和处理方法得到不同应变率的名义拉伸 DIF。在数值模拟中,试件尺寸取为 70mm × 140mm,忽略黏性阻尼影响。需要说明的是,数值模型中材料本构关系和相关参数在静力和动力计算保持完全一致,并且不含损伤和任何形式的率相关机理。

　　混凝土抗拉强度动力试验形式较多,主要有弯拉、劈拉以及直拉试验。本章混凝土动态数值模型属于直拉试验,因此选择直拉试验数据进行比较分析,计算结果如图 6.11 所示。从图 6.11 中结果整体看来,混凝土名义拉伸 DIF 计算结果与前人试验数据[3-5]趋势吻合较好。其中由于 Cadoni 等[6]使用了大直径的霍普金森拉杆集束试验装置,因此其试件长度和横截面尺寸高达 200mm;可以看出,较大尺寸的试件在自身惯性效应作用下,名义拉伸 DIF 的结果远大于其他试验的结果,也远高于本章的计算结果。

　　采用同样的过程,数值模拟同一混凝土试件分别经历静态和动态拉伸加载过程,并按照传统动力试验的测量和处理方法得到不同应变率的名义压缩 DIF 值。与动态拉伸相比,混凝土的动态压缩试验成果更加丰富,众多研究者对混凝土动态

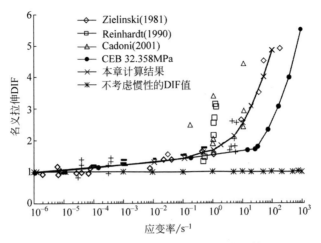

图 6.11 混凝土抗拉强度动力试验模拟结果

抗压强度的研究也更多。为使计算结果具有代表性,取中间尺寸,试件尺寸取为 $50mm \times 50mm$。实际的混凝土强度动力试验操作中,会对试件两端做一定的润滑和减磨处理,但摩擦的因素不可能完全消除。综合考虑,认为润滑情况较为良好,将摩擦系数取为 0.1,计算结果如图 6.12 所示。

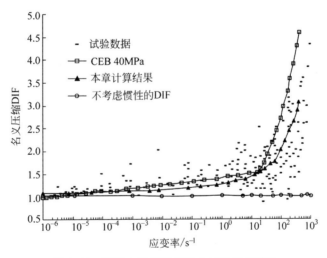

图 6.12 混凝土抗压强度动力试验模拟结果

从图 6.12 可以看出,本章计算结果在较低的应变率范围内与 CEB 经验公式吻合较好;同时,本章计算所得应变率转折点大致位于 $20 \sim 50 s^{-1}$,与 CEB 公式吻合较好($30s^{-1}$)。但在较高应变率范围内,CEB 公式的结果高于大多数试验值和本章计算的计算结果。可以看出,利用混凝土的静力试验参数值,可以解释和反映混凝土强度动力试验中名义强度提高的相关现象和规律。

综上所述,本章进行的单自由度、双自由度和多自由度的理论和数值分析中,混凝土材料假定为率无关材料,但是分析结果和数值模型仿真结果能够较好地反映实际试验中的动力学现象,特别是较高加载速率下的混凝土名义强度随加载速率提高而增加的现象。

6.2.4　动力荷载下混凝土的破坏形态

由上述分析还可以看出,在动力荷载下,由于试件短时间内由静止变化到较快的变形状态,这种变化的过程导致惯性力的存在,加载速率越高,破坏时间越短,惯性力越大。惯性力的存在还导致混凝土内部应力分布不均匀,破坏机理和破坏准则较为复杂,本节采用数值方法分析混凝土在动力荷载下的破坏形态,为深入了解混凝土在动力荷载下的破坏机理提供参考。

1. 混凝土在动力拉伸荷载下的破坏

为研究混凝土材料在承受动态拉伸荷载时的破坏形态与规律,选取应变率较低、中等和较高三个不同阶段的结果进行比较分析,其典型代表应变率分别为 0.01s^{-1}、1s^{-1} 和 20s^{-1}。分别对混凝土试件在达到峰值名义强度时,试件内部轴向应力、径向应力以及轴向应变分布特点进行详细的对比分析研究,进一步分析混凝土在动力荷载下的性能。

数值模拟所用的圆柱形混凝土动态拉伸试件可视为轴对称问题,因此将试件沿加载方向对称轴纵向剖开,研究纵剖面上各物理量的分布规律即可。图 6.13～图 6.16 中试件左端为加载端,右端为承载端,应力单位为 Pa。

（1）较低应变率情况,$\dot{\varepsilon}=0.01\text{s}^{-1}$,如图 6.13 所示。

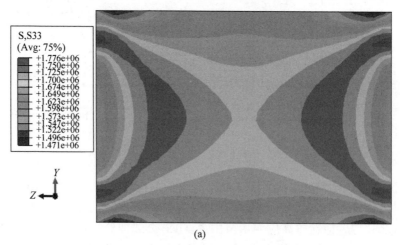

(a)

图 6.13　混凝土动态拉伸峰值荷载时的破坏形态(应变率 0.01s^{-1})
（a）轴向应力分布；（b）径向应力分布；（c）轴向应变分布

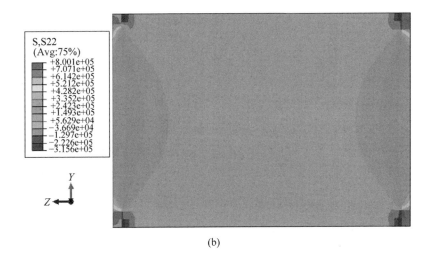

(b)

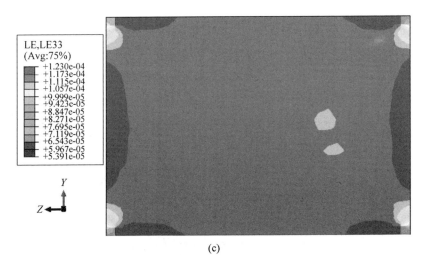

(c)

图 6.13　(续)

　　由前可知,此时数值模拟结果的名义拉伸 DIF 值为 1.3 左右。由于外荷载应变率较低,因此混凝土试件与承受准静态拉伸荷载下的破坏情形较为相近,动力学效应并不明显。从图 6.13(a)中可以看出,试件内部轴向应力分布较均匀,加载端的轴向应力值略大于承载端,图 6.13(c)中的轴向应变分布形式也与轴向应力较为一致。

　　从图 6.13(b)可以看出,混凝土试件径向应力较小,主要集中在加载端和承载端;试件中部的径向应力很小,基本为一维应力状态,应力多轴性并不明显,试件内部的应力和应变均匀性也较好。但此时由于试件两端的径向变形分别受到承载刚板和承载刚板的约束,从而使端部约束效应的影响较为明显。轴向应力在两端最外侧相对集中,加载端大于承载端,混凝土试件的屈服破坏首先从此处开始;

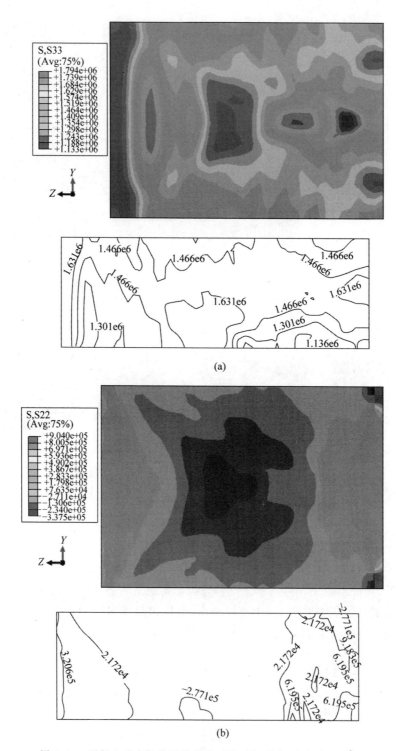

图 6.14 混凝土动态拉伸峰值荷载时的破坏形态(应变率 $1\mathrm{s}^{-1}$)

(a) 轴向应力分布；(b) 径向应力分布；(c) 轴向应变分布

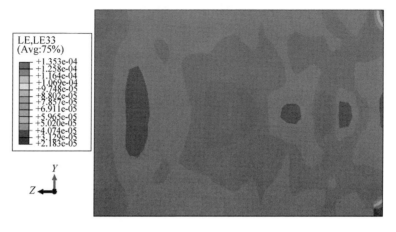

LE,LE33
(Avg:75%)
+1.353e-04
+1.258e-04
+1.164e-04
+1.069e-04
+9.748e-05
+8.802e-05
+7.857e-05
+6.911e-05
+5.965e-05
+5.020e-05
+4.074e-05
+3.129e-05
+2.183e-05

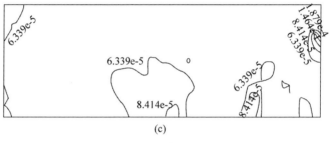

(c)

图6.14　（续）

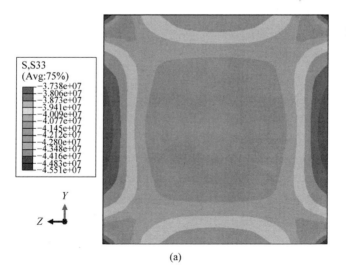

S,S33
(Avg:75%)
-3.738e+07
-3.806e+07
-3.873e+07
-3.941e+07
-4.009e+07
-4.077e+07
-4.145e+07
-4.212e+07
-4.280e+07
-4.348e+07
-4.416e+07
-4.483e+07
-4.551e+07

(a)

图6.15　混凝土动态压缩峰值荷载时的破坏形态（应变率$0.1\mathrm{s}^{-1}$）

（a）轴向应力分布；（b）径向应力分布；（c）轴向应变分布

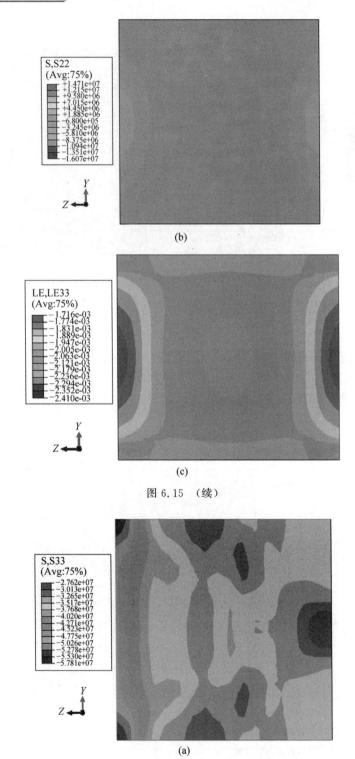

图 6.15 （续）

图 6.16 混凝土动态压缩峰值荷载时的破坏形态（应变率 50s^{-1}）

（a）轴向应力分布；（b）径向应力分布；（c）轴向应变分布

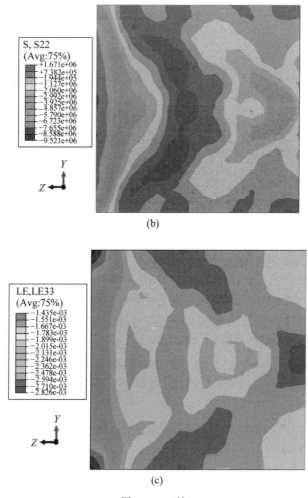

(b)

(c)

图 6.16　（续）

　　径向应力分布也有类似的规律,受端部约束效应而在两端集中分布,远离两端的区域迅速衰减。

　　从图 6.13 也可以看出,由于材料本构以及相关参数不含任何率效应机制,混凝土材料的真实破坏应力并没有任何提高。如名义拉伸 DIF 定义所述,名义强度值的变化仅考虑加载速率不同的影响,边界约束和材料性质完全一致。因此当应变率较低时,混凝土动态拉伸试验测得的名义拉伸 DIF 的增加主要来自端部约束效应以及少量惯性效应的耦合作用影响。

　　(2) 中等应变率情况,$\dot{\varepsilon}=1\text{s}^{-1}$,如图 6.14 所示。

　　由前可知,此时数值模拟结果的名义拉伸 DIF 值为 1.7 左右。将图 6.13 与图 6.14 的结果进行比较可以看出,随着外荷载应变率的提高,混凝土试件轴向惯性效应开始凸显,其内部轴向应力均匀性消失。惯性效应的影响导致应力波在试件内不断来回传播而发生叠加,叠加的结果使试件在靠近承载端一侧出现较多屈服破坏区域,如图 6.14(a)所示。同时,从图 6.14(b)也可以看出,此时结构动力学效应变得比较明显,由径向惯性效应引起的径向应力不容忽视,试件内的绝大部分区域出现了径向应力,靠近承载端的部分集中破坏区域出现了 0.5MPa 甚至于接近 1MPa 的径向应力。

随着应变率的提高,试件内部由于自身轴向和径向惯性效应作用而导致其内部一维均匀应力状态消失,但从图 6.14(a)可以看出,混凝土材料的真实破坏应力同样没有任何提高。名义强度随应变率的增加而提高的现象主要来自试件自身惯性效应和端部约束效应的综合作用,因此使用名义强度代替材料强度显然是不可取的。

2. 混凝土在动力压缩荷载下的破坏

同样,为研究混凝土材料在承受动态压缩荷载时的破坏形态与规律,选取应变率较低、中等和较高三个不同阶段的结果进行比较分析,其典型代表应变率分别为 $0.1s^{-1}$、$50s^{-1}$ 和 $500s^{-1}$。分别对混凝土试件在达到峰值名义强度时,试件内部的轴向应力、径向应力以及轴向应变分布特点进行详细的分析研究。

(1) 较低应变率情况 $\dot{\varepsilon} = 0.1s^{-1}$,如图 6.15 所示。

由图 6.15 可知,此时名义压缩 DIF 值的模拟结果为 1.1 左右。由于应变率较低,从图 6.15(a)和(c)可以看出,试件自身惯性效应影响较小,内部整体应力均匀性较好,破坏模式与准静态加载下的情况相似。由图 6.15(b)可以看出,径向围压应力值约为 0.6MPa,试件内部应力多轴性不明显。但由于两端面摩擦的约束作用,两端对应区域出现了一定程度的轴向应力集中。名义强度的提高主要由试件两端面的摩擦效应引起,从而出现与图 6.15 中类似的两端对称锥形屈服破坏模式。

(2) 中等应变率情况,$\dot{\varepsilon} = 50s^{-1}$,如图 6.16 所示。

由图 6.16 可知,此时名义压缩 DIF 值的模拟结果为 1.5 左右。从图 6.16(a)与(c)的对比可以看出,随着外荷载应变率的增加,在试件自身惯性效应的影响和作用下传统混凝土强度动力试验的一维应力假定也随之失效。

从图 6.16(b)可以看出,试件的径向惯性围压沿半径向外逐渐降低。混凝土试件在承受动态压缩荷载时,同时受惯性效应以及径向惯性围压耦合效应综合影响,使得其轴向应力与径向应力分布趋势相同,出现沿径向由内而外逐层降低的分布形式,因而直接导致实测混凝土试件名义强度的显著增加。

从数值模拟分析的结果可以看出,在动力荷载尤其是冲击荷载下,混凝土内部应力分布极不均匀,自身惯性约束、围压敏感性均会影响混凝土在动力荷载下的破坏强度。因此混凝土名义强度提高的现象并不能反映材料的真实强度特性。同时,惯性影响、边界条件的影响和试验条件、混凝土自身特性以及尺寸大小等因素密切相关,因此惯性力的大小在不同的试验中也差异较大,这也造成了目前混凝土动力性能试验研究结果离散性较大,有的研究结果相互矛盾,增加了对动力荷载下混凝土破坏机理的分析难度。因此在今后的研究中,应该尽可能的统一试验条件,在相同或者类似的试验条件下进行理论分析。

6.3 黏性对动力荷载下混凝土性能的影响分析

从 6.2 节的分析可以看出,在低加载速率情况下,惯性的影响较小,仅仅用惯性并不能完全解释目前的试验结果。针对荷载与加载速率成正比的问题,在流体力学领域,研究人员在试验结果的基础上,提出了很多模型。但是在固体力学领域,研究人员通常假设材料为黏塑性材料,而对黏性产生的机理研究较少。

大量的试验结果表明,在较低加载速率情况下,混凝土所展现出来的黏性在很大程度上是由自由水分[5]引起的。但是,混凝土内的自由水分如何影响动力荷载下材料的性能并未达成广泛共识。根据已有的试验结果。研究人员提出了各种理论假设来分析黏性对动力荷载下混凝土特性的影响规律。

6.3.1 Stefan 效应

Rossi 等[7,8]将混凝土内自由水分的影响归结于 Stefan 效应,提出了一种黏弹性模型来描述混凝土的率效应。具体参见 3.1.2 节。

但是需要指出的是,Stefan 效应中的裂纹间黏聚力大小和裂纹构型密切相关,但在混凝土的破坏过程中,材料内部裂纹始终处于扩展演化状态,裂纹面间距、大小均在变化,很难直接测量得到 Stefan 效应产生的材料内部黏聚力。因此,现有研究中通常是将此黏聚力简化为均匀分布在材料内部、与加载速率成正比的宏观力,并通过宏观试验来率定黏聚力的大小。

6.3.2 自由水表面张力

水渗入混凝土后,降低了混凝土微观粒子间的范德华力,削弱了颗粒间的凝聚力,表面能降低,进而形成新的断裂面所需要能量减少,宏观表现为混凝土饱和度越高强度越低。根据 Griffith 的断裂力学理论,材料中裂缝的产生和发展需克服其表面能,对于脆性体固体而言,表面能就是材料的抗裂阻力,也决定了材料的断裂韧度和强度[9]。因此混凝土的强度与裂纹面的表面能高度相关,表面能是裂缝形成的必要条件,而液体和固体的接触面其表面能要比固体原表面能小。根据物理化学中的杨氏方程(Young's equation)[10],固液面的表面能可以表示为

$$\gamma_{sl} = \gamma_s - \gamma_1 \cos\theta \tag{6.17}$$

式中,γ_{sl} 为固液面的表面能;γ_s 为干燥固体的表面能;γ_1 为饱和液体的表面能;

θ 为固体液体的接触角,如图 6.17 所示。

因此可以看出,当自由液体进入混凝土后,使得混凝土凝胶颗粒间的黏聚力减小,材料表面能降低,因此混凝土的强度随之降低,降低程度与液体的表面张力成正比。在较低的加载速率下,随着混凝土裂缝的形成和扩展,孔隙中的水流向裂缝,此时孔隙中

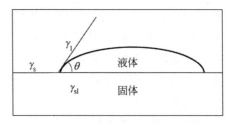

图 6.17   固液面表面能示意图

自由水对混凝土的作用类似于湿冲击,使得混凝土孔隙和裂缝中的预加拉力增大,导致了湿态混凝土的强度降低;在快速加载条件下,裂纹扩展速度很快,裂纹和孔隙中的自由水很难到达缝端,在表面张力的有益作用下湿态混凝土的强度降低程度不及干燥混凝土,在宏观上表现为湿态混凝土的强度随加载速率的增加而增加。

实际上,在混凝土的高速加载过程中,混凝土内自由水分在裂纹中的扩展过程非常复杂,受试验条件和观测手段的限制,很难准确测量裂纹内部孔隙水分布,研究人员在分析时也一般是将黏性力等效成一个宏观的、通过试验结果率定的内部力。因此,动力荷载下孔隙水压力的演化过程,以及如何影响混凝土性能也需要进一步研究。

需要指出的是,无论是采用 Stefan 效应还是孔隙水压力变化来解释混凝土内黏性产生的机理,此时由黏性造成的动力荷载下混凝土强度的增加实际上是绝对值的增加,采用比值形式的强度增强系数来描述这一规律并不是十分恰当。

6.4   其他因素对动力荷载下混凝土性能的作用

混凝土在动力荷载下的破坏过程非常复杂,在动力荷载试验中测得的名义强度不光包括多种因素的综合影响。为深入研究各种因素的作用机理,本章分析了包括混凝土自身强度、初始静荷载、骨料破坏形态、多裂纹产生和扩展等因素的影响规律,为建立真实混凝土动力破坏准则提供参考。

6.4.1   混凝土自身强度的影响

由于现有试验方法差异较大,因此试验结果具有一定的离散型,但研究表明混凝土强度对混凝土动力特性影响显著,动力荷载下低强度混凝土的强度增加更加明显。在试验结果的基础上,研究人员提出了各种经验公式考虑加载速率对混凝土强度的影响。如欧洲混凝土协会(CEB)1987 年建议的混凝土在动力拉伸荷载下的动力增强系数计算公式为[11]

$$\mathrm{DIF}=\frac{f^{\mathrm{dyn}}}{f_{\mathrm{c}}}=\begin{cases}\left(\dfrac{\dot{\varepsilon}}{\dot{\varepsilon}_{\mathrm{s}}}\right)^{1.016\alpha}, & \dot{\varepsilon}\leqslant30\mathrm{s}^{-1}\\[4mm]\gamma\left(\dfrac{\dot{\varepsilon}}{\dot{\varepsilon}_{\mathrm{s}}}\right)^{1/3}, & \dot{\varepsilon}>30\mathrm{s}^{-1}\end{cases} \tag{6.18}$$

式中，f^{dyn} 和 f_c 分别为混凝土的单轴动力、静力抗压强度；$\dot{\varepsilon}_s = 3 \times 10^{-6}$ 为静力荷载的加载速率。从第 2 章的现有试验结果总结可以看出，考虑混凝土强度的不同，在动强度增强系数的经验公式中进行修正，可以较好地反映混凝土强度对动强度增强系数的影响规律，与现有的试验结果也吻合较好。

根据 6.3 节分析，动力荷载下惯性和黏性是影响混凝土性能的主要因素，惯性的影响与破坏时间直接相关；黏性的影响是强度绝对值的增加。为进一步分析混凝土强度的影响规律，本节根据对混凝土率效应经验公式的分析来考虑不同加载速率下黏性和惯性影响的大小。根据 CEB 推荐的经验公式，可以分别计算强度为 30MPa、50MPa 和 70MPa 时混凝土在动力荷载下的名义强度，如图 6.18 和图 6.19 所示。

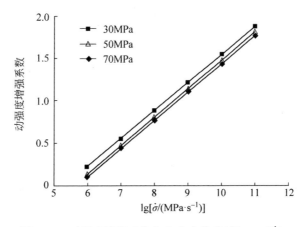

图 6.18 动强度增强系数与应力率关系（$\dot{\varepsilon} > 30\text{s}^{-1}$）

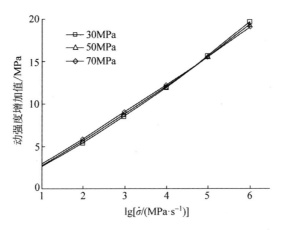

图 6.19 动强度绝对增加值与应力率关系（$\dot{\varepsilon} > 30\text{s}^{-1}$）

从图 6.19 可以看出，在较低加载速率下，不同强度的混凝土在动力荷载下强度增加的绝对值重合，这也从另一方面证明，在较低加载速率情况下，造成动力荷载下混凝土强度的增加主要是黏性的影响。

在较高加载速率情况下,分别做出混凝土的动力增强系数(DIF)与加载速率以及动力增强系数与破坏时间的关系,如图 6.20 和图 6.21 所示。

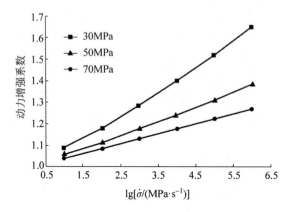

图 6.20　动力增强系数与应力率关系($\dot{\varepsilon} > 30 s^{-1}$)

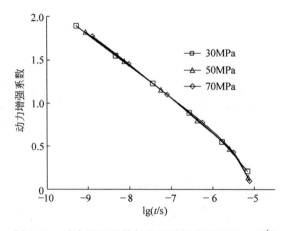

图 6.21　动力增强系数与破坏时间关系($\dot{\varepsilon} > 30 s^{-1}$)

由图 6.20 可以看出,在较高加载速率下,混凝土在动力荷载下名义动力增强系数随加载速率的增加迅速增大,强度越低的混凝土(30MPa)增加得越快。也就是说,静力强度越高,动力荷载下名义动力增强系数越小。但是,从图 6.3 的动力增强系数和破坏时间的关系来看,不同静力强度的混凝土在动力荷载下名义动力增强系数与破坏时间关系相同。在动力荷载下,惯性的影响程度和材料的破坏时间直接相关,破坏时间越短,惯性的影响越大。这也可以从另一方面说明,在较高加载速率情况下,混凝土的名义强度变化主要是由惯性影响造成的。

6.4.2　初始静荷载的影响

近年来,研究人员进行了大量的不同初始静荷载下混凝土动态力学性能研究,由于采用的试验方法不同,得出的结论也有所差异。侯顺载等[12]采用初始静荷载下施加冲击荷载,在1/4s内材料发生动力破坏,试验结果表明,初始静荷载下混凝土弯拉强度有一定程度的增加。马怀发等[13]试验表明,静力荷载对混凝土产生了初始损伤,叠加动力荷载后实际应变率比直接承受动力荷载时大。文献[14]和文献[15]中采用的是静力荷载基础上逐渐增加的正弦波动力荷载,试验结果表明,初始静荷载强度会降低混凝土的动态强度。

在高加载速率情况下,惯性影响占主导地位,影响大小与破坏时间成反比;低加载速率情况下,黏性影响占主导地位,黏性影响造成强度绝对值的增加。因此在初始静荷载叠加动力荷载时,可以看成剩余强度较低的混凝土承受同等加载速率的动力荷载,其破坏时间和实际承受动力荷载的混凝土不同,惯性影响不同,因此造成不同加载方式下的试验结果有所差异。

6.4.3　骨料破坏形态的影响

混凝土材料的动力破坏试验中可以观察到,随着加载速率的增加,更多的裂纹穿过骨料而不是沿着骨料与砂浆的界面扩展,同时由于骨料的强度高于砂浆及骨料与砂浆的界面,因此很多研究人员认为:材料不均匀性导致动力荷载下裂纹扩展由穿越薄弱面转化为穿越高强度区,是混凝土等准脆性材料强度提高的主要原因。

但是需要指出的是,"强度提高"以及"破坏面穿越"或者"破坏形态"均是材料在动力荷载下破坏时观察到的现象,二者均是"加载速率增大"这一"因"所产生的"果",不能简单地把"破坏面穿越"认为"强度提高"的原因,如图6.22所示。因为材料的"强度"对应的材料所能承受的最大荷载,对于混凝土材料而言,在微裂纹串接形成宏观裂纹后,材料即不能承受最大荷载,而此时"破坏面"尚未形成,也谈不上破坏面是否会穿越骨料或是其他高强度区,"破坏面穿越"是否是混凝土材料强度在动力荷载下提高的主要因素还需要进一步研究。

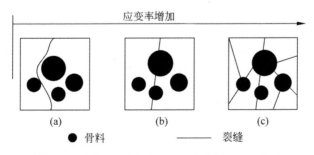

图 6.22　不同加载速率下混凝土破坏的裂纹分布

最新的研究表明[16],动力荷载下砂浆和混凝土的强度并没有明确区别,见图6.23。砂浆等没有明显"高强度区"的材料仍然会有强度增加现象,这也充分说

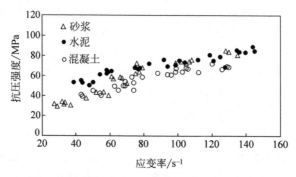

图 6.23   砂浆、水泥以及混凝土的动态抗压强度

明"骨料破坏"与混凝土动力性能的相互关系需要更多深入研究。

6.4.4   多个宏观裂纹的产生和扩展影响

在混凝土的动力试验中还可以观察到,随着加载速率的增加,水泥浆体、砂浆和混凝土材料破坏后的破碎现象更加明显[16]如图 6.24 所示,即在动力荷载下,混凝土等准脆性材料内部会产生更多的宏观裂纹,而宏观裂纹的产生会消耗更多的能量。因此,研究人员认为多个宏观裂纹的产生,会导致外荷载能量的更多消耗,使得材料的破坏强度增加。

图 6.24   不同加载速率下砂浆、水泥以及混凝土的破坏形式
（a）水泥；（b）砂浆；（c）混凝土

需要指出的是,由于混凝土材料在破坏过程中,大量的微裂纹产生、扩展、串接直至形成宏观裂纹,因此很难准确地计算材料破坏过程中的能量消耗。同时,现有

的试验中,荷载实验机的动力试验一般采用固定应变率或者固定应力率的方法;霍普金森压杆一般采用固定冲击速率来换算加载速率,在加载过程并没有固定能量输入,因此采用能量角度来分析动力荷载下的性能可能还需要更加细致深入的研究。

同时,与裂纹穿过骨料这一现象一样,宏观裂纹的产生、扩展及导致材料最终破碎这一环节多数发生在材料承受最大荷载以后,即对应于材料应力-应变的下降段,因此在试验中观察到的材料破碎程度增大的现象和动力作用下材料强度的增加是否具有因果关系还需要进一步研究。

6.4.5　端部约束效应

混凝土抗拉强度动力试验中,由于实际荷载测量值来自加载端刚板,因此两端刚板与试件的粘接情况将直接影响荷载传感器读数,即端部约束效应会影响实测名义拉伸 DIF 值。在拉伸数值模型中,通过两种不同的粘接约束方式,模拟实际不同的粘接情况:第一种将试件两端表面位移完全与刚板粘接,模拟粘接致密良好情况;第二种仅将试件两端表面轴向位移与刚板粘接,径向可自由变形,模拟粘接较差,出现滑动的情况。利用 6.2 节中拉伸模型以及相关材料参数对 70mm×100mm 与 70mm×140mm 两种尺寸试件进行对比计算,结果如图 6.25 所示。

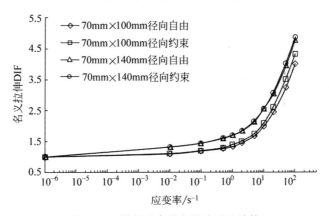

图 6.25　端部约束效应影响对比计算

从图 6.25 结果可以看出,约束试件两端的径向位移会使名义拉伸 DIF 增加,应变率增加时,端部约束效应的影响也会放大。但相对于惯性效应,端部约束效应的影响相对较小。本章模拟了两种端部约束差异较大的极端情况。对于尺寸为 70mm×100mm 的试件,名义拉伸 DIF 差距最大约为 0.3;考虑实际试验中端部约束情况一般介于两种极端情况之间,其名义拉伸 DIF 的差距应小于 0.3。对于尺寸为 70mm×140mm 的试件,长径比为 2∶1,端部约束效应的影响较小,可以忽略不计。因此,若动态拉伸数值模拟试件尺寸取为 70mm×140mm,可认为试件两端面粘接良好,端部约束效应可不予考虑。

径向惯性围压耦合效应与径向惯性围压耦合效应模型理论分析思路一致,利用6.2节中的混凝土D-P模型与Mises模型进行对比计算,结果如图6.26所示。

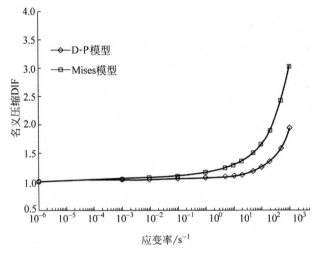

图6.26   径向惯性围压耦合效应影响对比计算

从图6.26结果可以看出,D-P模型的围压敏感性能够反映径向围压效应与惯性效应的耦合,因此计算得到的名义压缩DIF大于Mises模型的结果。同时也可以看出,不同模型的差异随着应变率的提高而进一步加大。因此,混凝土抗压强度的试验结果同时受到试件自身惯性效应以及径向惯性围压耦合效应的影响。在二者的综合作用下,混凝土抗压强度动力试验实测名义强度并不等于材料强度,而是远大于材料强度。在高于应变率转折点 $100\sim10^1 \mathrm{s}^{-1}$ 内,这种综合作用的影响随应变率的提高而迅速增加。

6.4.6   试件端面摩擦效应

在混凝土抗压强度静力试验中,试件两端的摩擦影响早已引起学者们的关注,因此发展了多种手段进行润滑减摩,以尽量消除对试验结果带来的影响。该问题在混凝土动态压缩试验中同样受到了广泛的关注和研究。利用6.2节中的混凝土D-P模型,将承载刚板和承载刚板与试件两端面之间加入摩擦,通过改变摩擦系数(0~0.3)来研究其影响。计算对比结果如图6.27所示。

从结果可以看出,试件端面摩擦会直接提高混凝土名义压缩DIF,摩擦系数越大,这种提高趋势就越明显。同时,摩擦系数的影响也随着应变率的增加而进一步放大,因此在不同摩擦系数的情况下,名义压缩DIF在应变率较高时,差距也更加明显。因此,试件端面与加载设备之间的摩擦,也是造成混凝土抗压强度动力试验强度高于材料真实强度的重要原因之一。

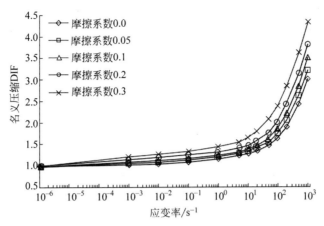

图 6.27　试件端面摩擦影响对比计算

若摩擦过大,将使试验结果严重失真,因此试件两端面与加载设备之间的润滑减摩措施很有必要。试件端面摩擦也会对混凝土试件两端的径向变形产生约束,从而影响该区域的应力分布与破坏形式,如图 6.28 所示。

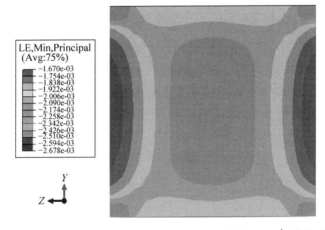

图 6.28　动态压缩峰值荷载时的变形破坏模式(应变率 $0.1s^{-1}$,摩擦系数 0.3)

将试件沿动态压缩方向的任意对称轴纵向剖开,图 6.28 所示为试件纵剖面上压缩主应变分布。从图中可以看出,由于试件两端的径向变形受端面摩擦约束,压缩应变集中于试件外侧,此处将首先发生破坏;而试件两端内侧部分的应变较小,不易发生破坏。这种分布趋势从端部向试件内部逐渐减弱,从而使得在试件中部形成明显的剪切破坏,最后演变为呈两端对称的锥形破坏模式。

6.4.7　尺寸效应

由 6.2 节惯性效应影响理论模型的研究结论可以知道,试件几何尺寸形状直接决定其惯性质量的分布形式,而混凝土抗拉强度较低,因此对于混凝土抗拉强度动力试验,试件尺寸效应的影响会较为明显。试件尺寸越大,应变率越高,惯性效应的影响越明显。

混凝土抗拉强度动力试验中试件尺寸的差异较大,直径与长度变化范围为50~200mm。为使计算结果具有代表性,取中间尺寸,试件尺寸取为 70mm×100mm 与 70mm×140mm,与 Zielinski 等[3]试验所用尺寸(74mm×100mm)相近。根据 6.2 节中拉伸模型以及相关材料参数,利用两种尺寸试件的动态拉伸对比计算结果对该结论进行验证,如图 6.29 所示。

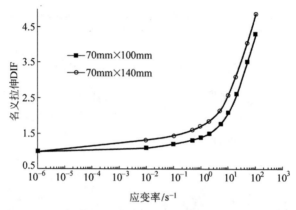

图 6.29　尺寸效应影响对比计算

由图 6.29 可以看出,混凝土抗拉强度动力试验受试件自身惯性影响十分显著,拉伸荷载下动力增强系数 DIF 随应变率的提高而增加;试件尺寸越大,抗拉强度受惯性效应影响也越明显,其动力增强系数 DIF 也越大。

6.5　小结

大量研究表明,黏性和惯性对混凝土的动力影响机理不同,在较高加载速率情况下惯性占主要地位,惯性的影响和破坏时间成反比;在较低加载速率情况下黏性占主要地位。基于本书前述各章节的工作成果与结论,对实测名义强度的率相关性,以及混凝土强度动力试验中的一般规律和现象做了充分的研究和讨论,主要得到了以下几点结论:

(1)目前的混凝土动力试验中,由于无法直接测量材料内部应力,通常用荷载传感器测量的名义强度代替真实材料强度,并以此为基础分析结构动力响应。这种动力试验结果的处理方法忽略了惯性、黏性等因素的影响,并不能反映混凝土材料在动力荷载下的真实性能。

(2)在动力荷载下,由于混凝土试件短时间内由静止变化到较快的变形状态,产生惯性力；自由水分还会产生黏性力，二者共同作用导致动力荷载下混凝土的宏观强度增加。动力荷载下的惯性影响大小与材料破坏时间成反比，高加载速率下惯性影响占主导地位；低加载速率情况下黏性影响占主导地位。

（3）试验中混凝土名义强度随应变率增加而提高的现象，并非完全反映了混凝土材料在动力荷载下的真实性能。必须理清各种因素的影响机理和规律，才能将室内试验结果正确应用于工程实践中，提供更为准确的混凝土结构动力分析参数。

参考文献

[1] LUBLINER J，OLIVER J，OLLER S，et al. A plastic-damage model for concrete[J]. International Journal of Solids and Structures,1989,25(3)：299-326.

[2] LEE J,FENVES G L. Plastic-damage model for cyclic loading of concrete structures[J]. ASCE Journal of Engineering Mechanics,1998,124(8)：892-900.

[3] ZIELINSKI A,REINHARDT H,KöRMELING H. Experiments on concrete under uniaxial impact tensile loading[J]. Materials and Structures,1981,14(2)：103-112.

[4] LU Y B,LI Q M. About the dynamic uniaxial tensile strength of concrete-like materials [J]. International Journal of Impact Engineering,2011,38(4)：171-180.

[5] ROSS C A. Split-Hopkinson pressure bar tests[M]. Florida HQ：AirForce Engineering and Services Center,1989.

[6] CADONI E,LABIBES K,BERRA M,et al. Influence of aggregate size on strain-rate tensile behavior of concrete[J]. ACI Materials Journal,2001,98(3)：220-223.

[7] ROSSI P. Influence of cracking in the presence of free water on the mechanical behavior of concrete[J]. Magzine of Concrete Research,1991,43：53-57.

[8] ROSSI P,VAN MIER J G M,BOULAY C,et al. The dynamic behavior of concrete：influence of free water[J]. Materials and Structures,1992,25：509-514.

[9] 范天佑. 断裂理论基础[M]. 北京：科学出版社,2003.

[10] 程传煊. 表面物理化学[M]. 北京：人民交通出版社,1999.

[11] CEB. Concrete structures under impact and impulsive loading[J]. CEB Bulletin,Syn thesis Report,1987.

[12] 侯顺载,李金玉,曹建国,等. 高拱坝全级配混凝土动态试验研究[J]. 水力发电,2002, 12(1)：51-53,68.

[13] 马怀发,陈厚群,黎保琨. 应变率效应对混凝土弯拉强度的影响[J]. 水利学报,2005, 36(1)：69-76.

[14] 闫东明,林皋,王哲. 变幅循环荷载作用下混凝土单轴拉伸特性研究[J]. 水利学报,2005, 36(5)：593-597.

[15] 闫东明,林皋. 不同初始静态荷载下混凝土动态抗压特性试验研究[J]. 水利学报,2006, 37(3)：360-364.

[16] CHEN X,WU S X,ZHOU J K. Experimental and modeling study of dynamic mechanical properties of cement paste,mortar and concrete[J]. Construction and Building Materials, 2013(47)：419-430.